U0180221

动力和能源

POWER AND ENERGY

英国 Brown Bear Books　著
王　晋　译

電子工業出版社
Publishing House of Electronics Industry
北京 • BEIJING

Original Title: POWER AND ENERGY

BROWN BEAR BOOKS
Devised and produced by Brown Bear Books Ltd,
Unit 1/D, Leroy House, 436 Essex Road, London
N1 3QP, United Kingdom
Chinese Simplified Character rights arranged through Media Solutions Ltd Tokyo
Japan (info@mediasolutions.jp)

版权贸易合同登记号　图字：01-2021-4089

图书在版编目（CIP）数据

动力和能源 / 英国 Brown Bear Books 著；王晋译 . —北京：电子工业出版社，2021.10
（疯狂 STEM. 工程和技术）
书名原文：POWER AND ENERGY
ISBN 978-7-121-41873-0

Ⅰ. ①动…　Ⅱ. ①英…　②王…　Ⅲ. ①能源－青少年读物　Ⅳ. ①TK01-49

中国版本图书馆 CIP 数据核字（2021）第 172183 号

责任编辑：郭景瑶
文字编辑：刘　晓
印　　刷：北京利丰雅高长城印刷有限公司
装　　订：北京利丰雅高长城印刷有限公司
出版发行：电子工业出版社
　　　　　北京市海淀区万寿路 173 信箱　邮编：100036
开　　本：787×1092　1/16　印张：4　字数：115.2 千字
版　　次：2021 年 10 月第 1 版
印　　次：2021 年 10 月第 1 次印刷
定　　价：68.00 元

凡所购买电子工业出版社图书有缺损问题，请向购买书店调换。若书店售缺，请与本社发行部联系，联系及邮购电话：（010）88254888，88258888。

质量投诉请发邮件至 zlts@phei.com.cn，盗版侵权举报请发邮件至 dbqq@phei.com.cn。

本书咨询联系方式：（010）88254210，influence@phei.com.cn，微信号：yingxianglibook。

“疯狂STEM”丛书简介

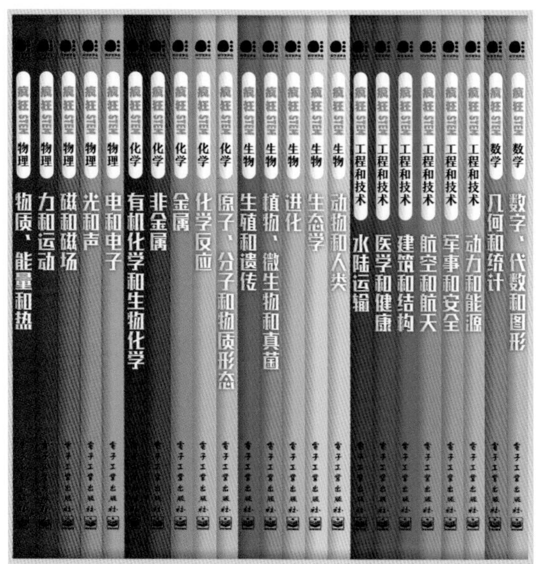

STEM是科学（Science）、技术（Technology）、工程（Engineering）、数学（Mathematics）四门学科英文首字母的缩写。STEM教育就是将科学、技术、工程和数学进行跨学科融合，让孩子们通过项目探究和动手实践、创造的方式进行学习。

本丛书立足STEM教育理念，从五个主要领域（物理、化学、生物、工程和技术、数学）出发，探索23个子领域，全方位、多学科知识融会贯通，培养孩子们的科学素养，提升孩子们解决问题和实际动手的能力，将科学和理性融于生活。

从神秘的物质世界、奇妙的化学元素、不可思议的微观粒子、令人震撼的生命体到浩瀚的宇宙、唯美的数学、日新月异的技术……本丛书带领孩子们穿越人类认知的历史，沿着时间轴，用科学的眼光看待一切，了解我们赖以生存的世界是如何运转的。

本丛书精美的文字、易读的文风、丰富的信息图、珍贵的照片，让孩子们仿佛置身于浩瀚的科学图书馆。小到小学生，大到高中生，这套书会伴随孩子们成长。

目 录

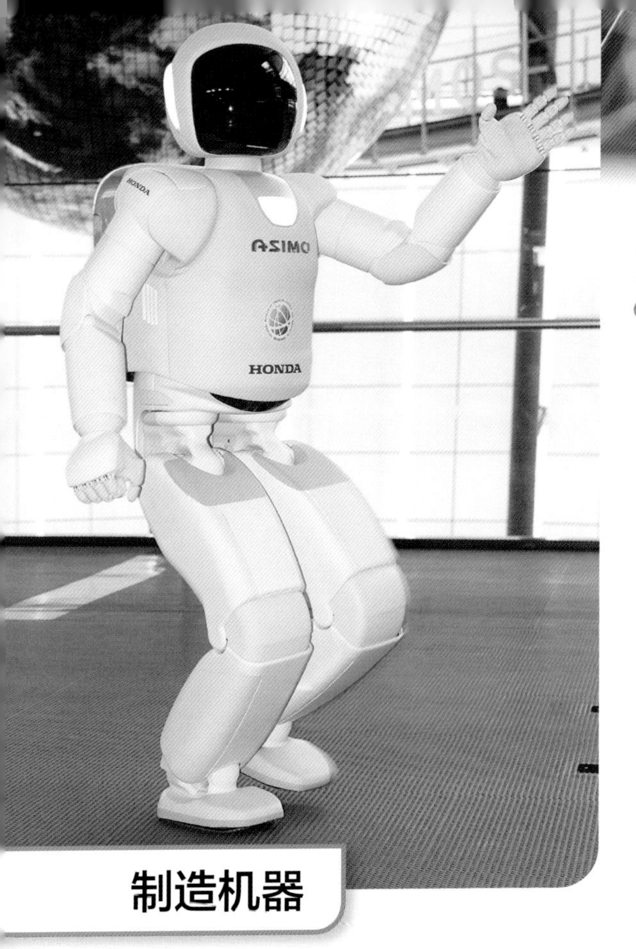

制造机器

人体也许是有史以来最强大、用途最广泛的机器。人的骨架就好像是一台由杠杆和滑轮组成的精密机器，能够举起重物，还能够以不同的速度移动，即使最先进的机器人也无法比拟。

虽然人体拥有很多功能，但也不乏局限性。人的跑步速度、臂力、能够完成的工作量都是有上限的。尽管人体十分奇妙，现代社会的发展还是严重依赖于人造机器来辅助或替代人力。

严格来说，机器不一定是由发动机、齿轮、机轮组成的噪声很大的大型设备，它可以是将力放大的任何设备。简单的机器包括撬棍、剪刀、楔子和螺钉。历史上的第一种机器是手斧。手斧是一种拳头大小的石制工具，在石器时代用来狩猎。

人形机器人是一种模仿人体设计的机器人，具有头部、手臂和双腿。尽管这种先进的人形机器人无法像人一样快速移动，但它在工作时不会感到疲劳，也不会感觉无聊。

汲水

农业始终离不开有效的灌溉，该领域最早的一些机器便是用来汲水的，如桔槔（俗称“吊杆”）。桔槔利用一根细长的杠杆，一端悬挂重物，另一端悬挂水桶，一起一落，便可汲水。在大约公元前2500年阿卡德文明（毗邻苏美尔地区）的图画中，我们可以看到用桔槔汲水的场景。古埃及大约从公元前2000年开始使用桔槔。

更先进的汲水器由螺杆组成。据说，这是公元前3世纪古希腊数学家阿基米德（公元前287—公元前212年）发明的。有

楔子

楔子是一种简单的工具，可以撬开或插入硬的东西。从楔子较厚的一端发力，通常可以快速将较薄的一端插入物体中或物体下方。楔子会将施加的力放大，以撬开或抬起硬的东西。斧头是一种楔子，手斧是人类最早使用的石制工具。

有刃的武器，如上图中的箭头，都属于楔子。最古老的人造楔子已经有200万年的历史了。

简单机械

机械装置可以将力转换为运动，再将运动转换为力。常见的简单机械有5种，它们是杠杆、轮轴、滑轮、斜面和螺丝。

1 杠杆是一根在力的作用下可绕固定点转动的硬棒。这个固定点被称为“支点”。杠杆可以将较小的力（动力）转换为较大的力（阻力）。使用此原理的装置包括独轮手推车、剪刀、钳子和锤子等。

2 轮轴实际上是一个以轴为支点的杠杆。骑自行车时，转动中心的轴，外圈车轮会以更快的速度旋转，但用力更小。

3 滑轮通过一组轮轴将作用在长力矩上的力转换为力矩较短的更大的力。

4 要把一辆沉重的小车推到相同的高处，在斜面上推要比在垂直方向上推容易得多。在斜面上推虽然用力较小，但必须花更长的时间。

5 螺丝，如汽车千斤顶可能使用的螺丝，也利用了斜面省力的原理。将螺纹展开就是一个斜面。千斤顶的手柄一般是一个杠杆。

1. 杠杆

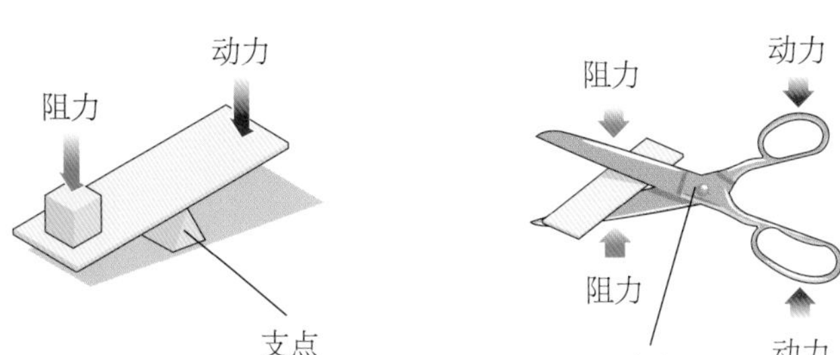

2. 轮轴

3. 滑轮

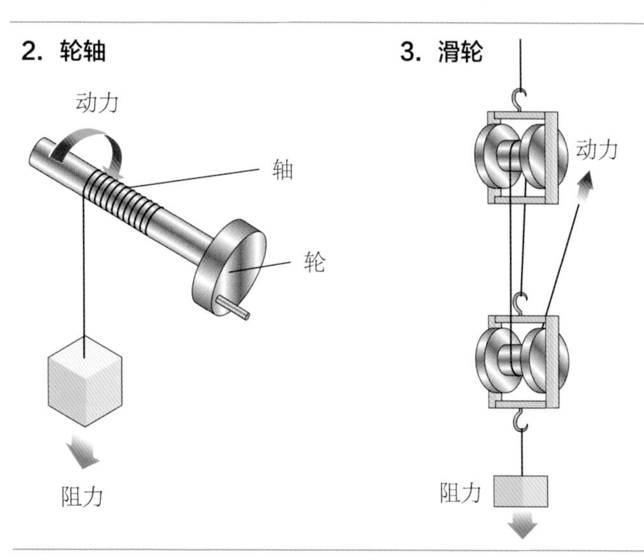

4. 斜面

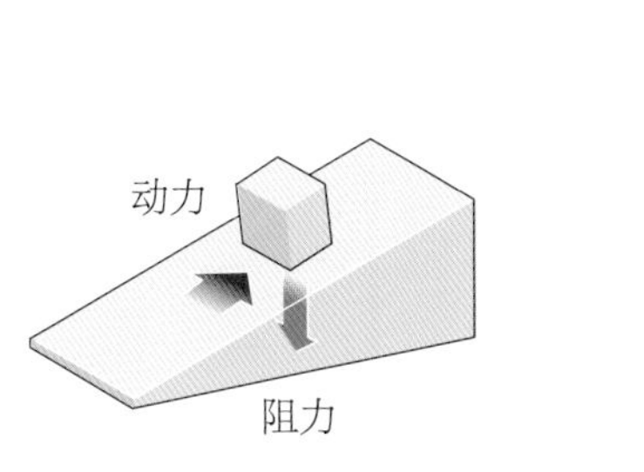

5. 螺丝

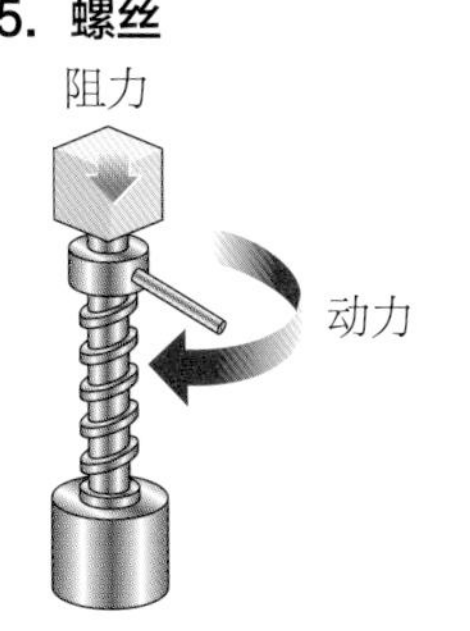

机械效益是衡量机械实用性的标准。如果滑轮的机械效益为4，这意味着它可用22牛顿的力（约2.2千克物体的重力）提升将近9千克的重物。

在上图中，陶工正在制作陶器，其中旋转盘的动力来自围绕旋转飞轮运动的传动带。

分析机（也就是查尔斯·巴贝奇发明的机械计算机）具有数千个相互连接的金属齿轮。

安提基特拉机械

1902年，考古学家在希腊安提基特拉岛附近的沉船中发现了一大块腐蚀的青铜制品。经仔细研究，人们发现这原本是一个复杂的齿轮装置，可以追溯到公元前100年左右。幸存的碎片中包含30多个制作精细的齿轮。发现这个机器的人十分惊讶和困惑，因为它像17世纪的钟表一样复杂。耶鲁大学的德瑞克·德索拉·普莱斯教授研究了这个装置，认为它是最古老的机械日历。

了旋转运动。

木制齿轮出现数百年后，人们发明了用于时钟和科学仪器的精加工金属齿轮。从很多方面来讲，齿轮就相当于当今的电子元件。英国钟表匠约翰·哈里森（John Harrison，1693—1776）发明的精密航海计时器，以及英国数学家查尔斯·巴贝奇（Charles Babbage，1791—1871）发明的早期机械计算机都使用了齿轮。

动力机械

直到罗马帝国时期，转动件才得到充分利用，如踏车和水车。尽管卧式水车很可能发明于古希腊时期，但直到公元27年才出现了效率更高的立式水车的相关文字记载，它出自活跃于公元1世纪的建筑师和工

齿轮

齿轮是指边缘有齿的轮子，其轮齿可以与另一个齿轮的轮齿啮合。当它们旋转时，一个齿轮按顺时针转动，另一个齿轮按逆时针转动（**1**）。如果两个齿轮需要按同一方向转动，可以在两者之间放置一个较小的齿轮，即“惰轮”（**2**）。

齿轮可用于改变旋转速度或扭矩（也就是使物体发生转动的力）。如果两个齿轮的齿数相同，那么在相等的扭矩的作用下，它们会以相同的速度旋转。如果一个齿轮的齿数是另一个齿轮的两倍，那么它的速度是后者的一半，但扭矩却是后者的两倍。如果大齿轮驱动小齿轮（**3**），则速度加倍，扭矩减半。如果小齿轮驱动大齿轮（**4**），则速度减半，扭矩加倍。

齿轮在汽车中的应用就包括以上两种方式。在平坦的道路上，齿轮是一个倍速器，可以使车轮的转动速度超过发动机。上坡时，齿轮被用作力量倍增器。这时，车轮的转动速度低于发动机，但会有更大的力使汽车爬上斜坡。

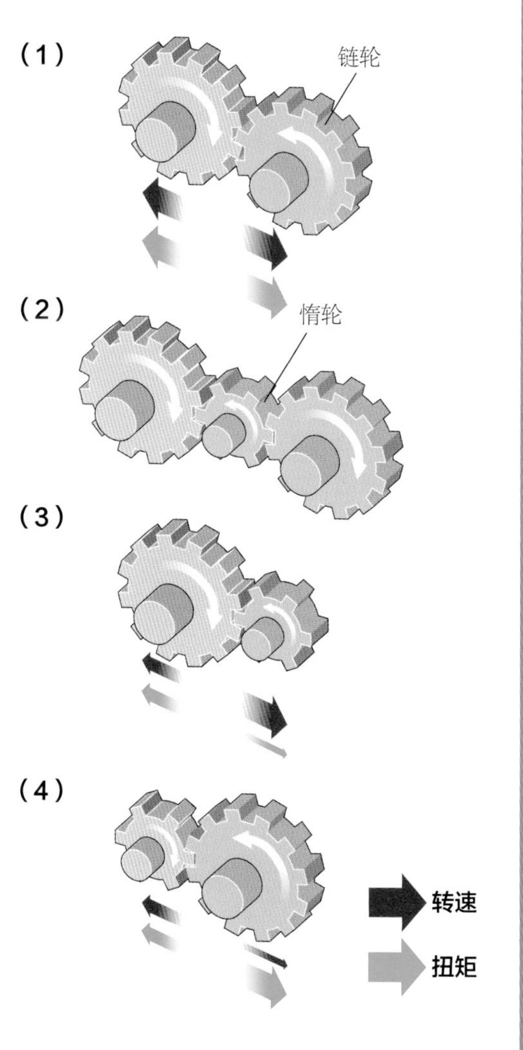

莱昂纳多·达·芬奇发明的机器

莱昂纳多·达·芬奇（Leonardo da Vinci，1452−1519）是历史上非常著名的一位发明家。尽管他以画家闻名于世，但他还是一位成就斐然的建筑师、工程师、哲学家和科学家。达·芬奇在笔记中画了很多原创的新颖机器（右图），包括汲水装置、纺纱机、泵和战争机器。不过，这位伟大的发明家最出名的设计也许当属复杂的飞行器了。这种飞行器类似于现代的直升机，却有扑翼。达·芬奇设计的飞行器是他对鸟类飞行进行详细研究的结果。他曾经写道："鸟是一架按数学原理工作的机器，人有能力仿制这种机器，包括它的全部运动。"但是，直到后来工程师意识到人类永远无法模仿鸟类，飞机才得以发明。在达·芬奇之后大约400年，莱特兄弟发明了飞机。

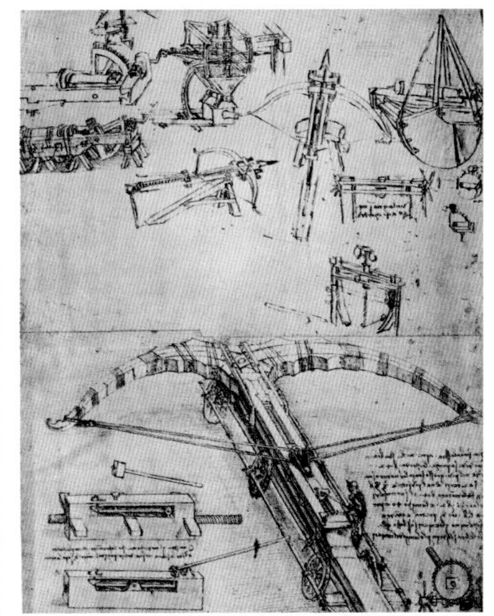

程师维特鲁威（Vitruvius）之手。维特鲁威水车采用粗制的木制齿轮，带动沉重的磨石碾磨玉米。

后来，人们开始使用水磨来驱动各种不同的机器。公元1世纪，人们开始利用水磨造纸，200年后开始使用水碓。罗马帝国覆灭后，水力的使用迅速发展。到1086年《末日审判书》（记录了当时英国土地所有权的调查情况）完成时，英格兰至少拥有5600个水磨。

动力转换

到罗马帝国末期，机器开始使用杠杆、轮子、滑轮、绞盘和齿轮，并由马匹、人力或水力驱动。从那时起，机器变得更加复杂和精致。在中世纪的欧洲，机器由轮

踏车

古罗马人使用人力踏车（就像一个巨大的仓鼠跑轮）为机器提供动力，如磨粉机、橄榄压榨机、汲水装置和早期的起重机。古罗马时期，踏车由奴隶驱动。19世纪，这种踏车通常由囚犯（下图）和无家可归的乞丐驱动。

风车

这里所画的风车主要用于碾磨谷物。此外，还有其他用途的风车，比如用于抽水或发电的风车。

这座用于碾磨谷物的风车由4个大型木制叶片组成，排成十字。风车内部对应十字叶片中心的地方装有风矢杆。风矢杆是一根坚硬的木轴，用来支撑叶片，并随叶片一起转动。这里的叶片属于弹簧叶片，上面有百叶窗式的木制小叶片。遇到强风时，小叶片会打开，防止叶片弯曲或旋转得太快。早期的叶片外面包裹着布，碾磨工必须将布卷起以减慢叶片转动的速度。有风时，叶片随风旋转，带动制动轮，制动轮再带动平齿轮及一系列的齿轮转动。平齿轮会带动大正齿轮转动，从而驱动两侧的磨石。磨石是圆形的大石头，中间有孔。谷物倒入孔中后会被沉重的磨石压碎，变成粉末状。有些风车装有中心柱，可以转动整个风车，使其始终处于迎风的位置。

这个古老的风车位于捷克共和国，用于将谷物磨成粉。

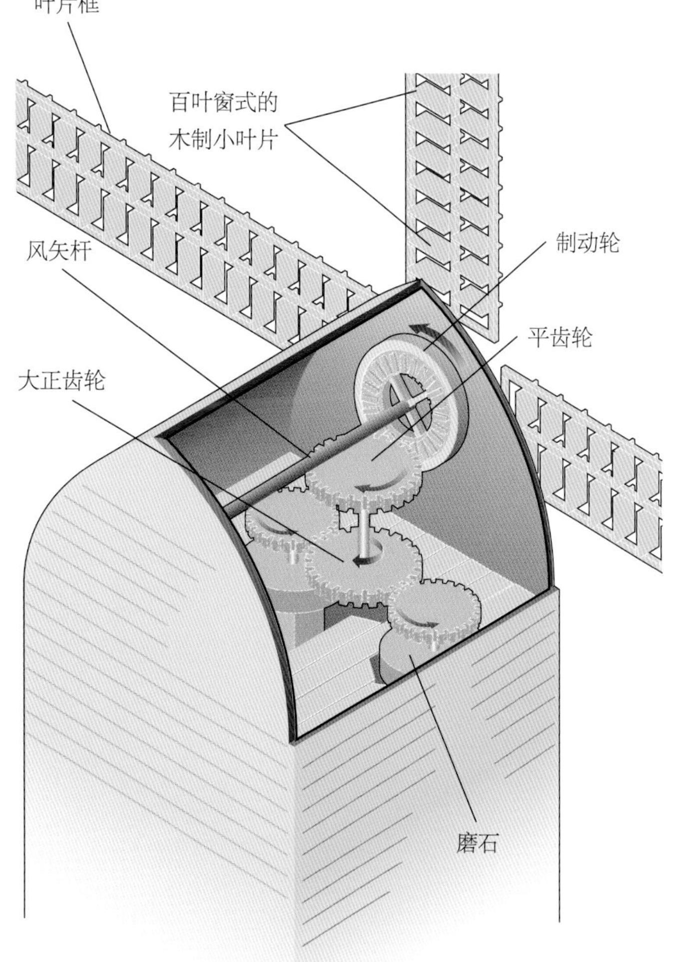

风车大约出现于公元600年的波斯，12世纪传到欧洲。借助风车，人类得以利用陆地上的风能。

这台蒸汽走锭精纺机由英国人塞缪尔·克朗普顿（Samuel Crompton，1753—1827）于1779年发明，亦称“骡机”，只需要几个纺织工人即可操作。

子、齿轮和杠杆组合而成开始呈现出我们如今所熟悉的复杂模样。

这一演变过程的关键在于，要了解如何转化动力，尤其是如何将旋转运动转换为往复运动（上下运动），然后再将往复运动转换为旋转运动。要实现这一过程，两项机械发明特别重要，它们就是凸轮和曲柄。

工业革命

工业革命更确切地说是一场工业进化，是从手动工具时代到机械时代的逐渐过渡。工业革命于1760年左右始于英国，自此工业革命之火便在世界范围内燃起。

在这次工业革命爆炸式发展的阶段，机器从两个基本方面发生了改变。首先，英国的纺织制造业涌现出了一系列创新，高度自动化的机器因此问世，单个工人的产量大幅提高。其次，机器的驱动方式发生了根本变化。在此之前，大型机器一直由水力驱

奥利弗·埃文斯和生产线

美国人奥利弗·埃文斯（Oliver Evans，1755—1819）开创了机械化的先河。机械化是指用机器代替人完成工作。25岁时，埃文斯加入了美国费城的一家面粉厂。这家面粉厂是他的两个兄弟开的。他利用水力机械对磨粉机进行了改造，其中包括用于提升谷物的斗式提升机和输送机、沿水平方向移动谷物的螺丝样旋轴，以及使面粉顺利出来的自动耙子。埃文斯发明的磨粉机的巧妙之处在于，每台机器都可以按顺序自动将谷物传递给下一台机器，而无须人工干预。谷物从一端进去，面粉从另一端出来。这是有史以来的第一条生产线，它将运营成本降低了高达50%。

凸轮和曲柄

古希腊伟大的发明家亚历山大港的希罗是第一个描述凸轮的人。这种装置通常包含一个固定在轴上的鸡蛋形的轮子，轴还连接着连杆的一端。轴旋转时，鸡蛋形的凸轮会升高和降低连杆，从而将轴的旋转运动转换为连杆的上下运动。在汽车的发动机中，凸轮通常用于开关允许空气和燃料进入汽缸的气门。

曲柄的应用历史最早可以追溯到大约公元100年的中国。它实际上就是从轮子中轴弯出的手柄。1430年，改进后的曲柄连杆机构出现了，它在曲柄上增加了一根将其连接到机械的连杆，可以将上下运动转换为旋转运动，也可以将旋转运动转换为上下运动。例如，曲柄可以将蒸汽机活塞的上下运动转换为车轮的旋转运动。在汽车的四冲程发动机中，连杆将汽缸内的活塞与曲柄连接在一起，从而通过变速箱将曲柄的上下运动转换为车轮的旋转运动，驱动车辆前进或后退。

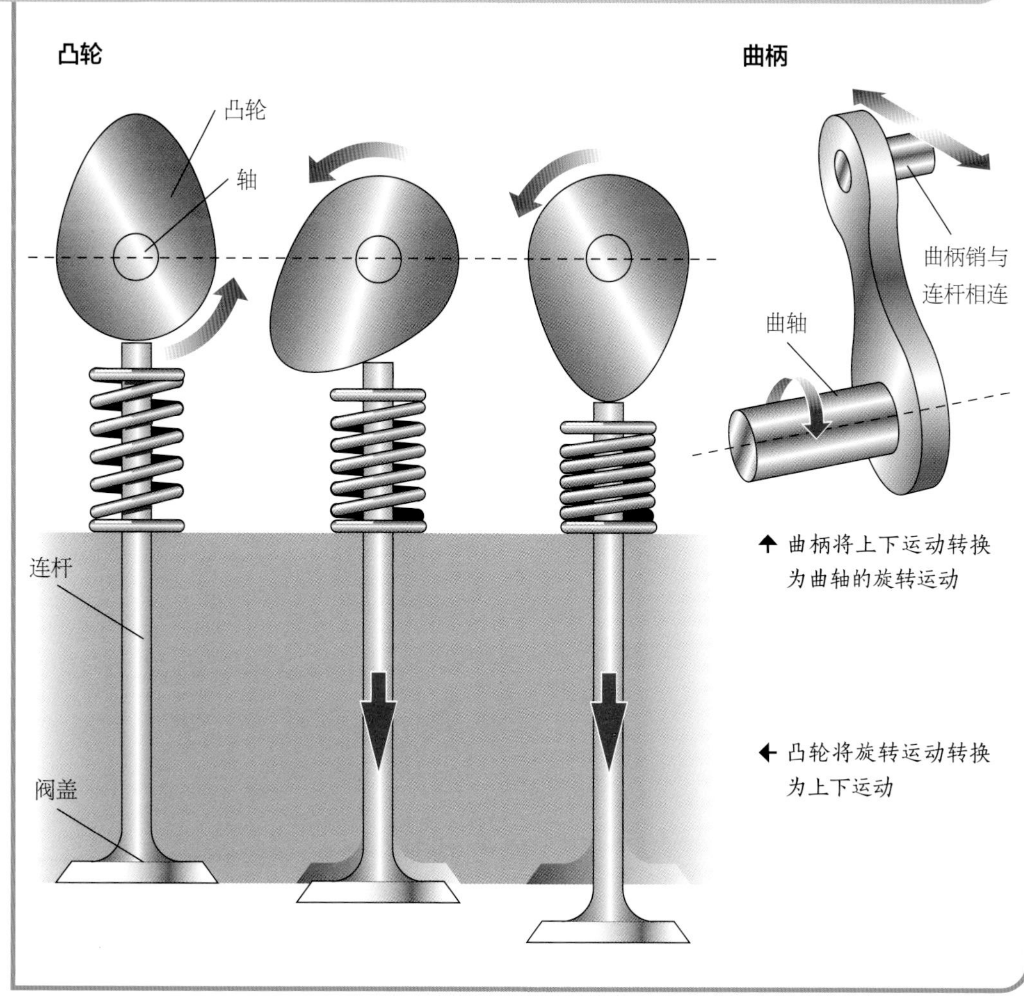

↑ 曲柄将上下运动转换为曲轴的旋转运动

← 凸轮将旋转运动转换为上下运动

推土机由简单的机械组合而成。

动，并建在河边。

蒸汽机的发明意味着人们可以在任何需要的地方使用机器。蒸汽发动机（以及取而代之的汽油和柴油内燃机）依靠曲柄连杆机构，将汽缸内活塞的上下运动转化成可以驱动车轮的旋转运动。

现代机器

尽管现代机器十分复杂，但它们可以追溯到早期文明中的简单机械。大多数机器只不过是杠杆、齿轮、轮轴的复杂组合。第一挺机关枪就是利用手动曲柄来快速发射一连串子弹的。艾萨克·辛格（Isaac Singer）于1850年获得的专利“辛格缝纫机”由脚踏板驱动。脚踏板使主驱动轴旋转，主驱动轴紧接着通过曲柄使针头上下运动，穿过布料。

19世纪的收银机采用了复杂的齿轮装置，并借用了打字机键盘中的杠杆系统。自

相关信息

- 起重机的历史可以追溯到古希腊时期，大约在公元前1500年。人们认为，是阿基米德用3个连接在一起的滑轮发明了起重机。有一种类似的古代起重机被称为“五饼滑车”，上部有3个滑轮，与下部的2个滑轮相连，该起重机的机械效益为5。
- 罗马帝国的建造者所使用的脚踏起重机可以抬起几吨的重物。1974年在日本建造的武藏浮吊可以安全地吊起3000吨的重物。

社会和发明

卢德派

在工业革命之前，人们就开始挑战“机器自然会为社会带来利益”的观点。早在1288年，法国织布工人就拒绝使用机械纺纱机生产的线。最著名的反对机器的组织也许是工业革命期间英国的卢德派。1811年，这批愤怒的纺织工人担心新机器会夺走他们的工作，因此奋起捣毁机器。类似的暴力事件在英格兰中部持续了4年，有些暴徒被绞死。对于机器时代非人性化最著名的评价源自电影《摩登时代》，其中查理·卓别林（Charlie Chaplin，1889—1977）在工厂的生产线上疲于奔命，创造了很多幽默搞笑的片段。

卢德派分子将工厂的机器视为威胁，并将其捣毁。

游艇上的船员使用几百年前发明的绞盘和滑轮来升降沉重的风帆。

行车则使用了轮轴及更加复杂的齿轮装置。

尽管很多现代机器都具有复杂的电子控制系统，但有些机器与古代的几乎没有区别。如今，起重机仍在使用滑轮，这放到古罗马时期，看起来也很自然。工程机械和生产线上还在使用阿基米德发明的螺丝。甚至购物中心的自动门，在很大程度上都要归功于古希腊亚历山大港的希罗发明的由蒸汽驱动的寺庙大门，两者的区别只体现在动力来源上。工业革命改变了人们制造、使用动力和能源的方式。

光和热

大多数机器都需要能量驱动，这些能量来自各种燃料所释放的热量。在工业革命时期，人们发现了如何通过燃烧煤等化石燃料来利用能源。

现代世界的运行需要大量能源来维持。目前，大部分能源来自燃料。燃料是以原子结合成分子的方式存储能量的物质，燃烧燃料会释放能量。

大多数燃料最终都来自植物，它们捕获太阳光的能量，形成高能分子。木材来自当今的植物，而煤和石油（也称为“化石燃料”）则来自数百万年前死亡并埋在地下的植物和微生物。化石燃料可以是固体，也可以是液体或气体。在科学家发现了如何使化石燃料释放能量以后，化石燃料就成了全球工业化的主要动力。

现代世界正在消耗越来越多的能源，人们燃烧大量燃料以获得电、热和光。

固体燃料

19世纪下半叶，煤取代木材成为世界上最重要的燃料。在更早的时期，人们还发现，木材在一定条件下燃烧可以产生另一种燃料——木炭。木炭（基本上以碳元素为主）燃烧炽烈、无烟，长期以来一直被用于从矿石中冶炼金属，并被用作火药的成分。如今，木炭的使用已经不那么普遍了，但是木材本身仍然是一种有用的燃料。

煤具有固体燃料所固有的一些缺点，它很难像石油或天然气那样快速燃烧。不过，煤炭资源丰富，可以用来加热水，水变为水蒸气后可以为蒸汽机提供可靠的动力。

燃煤

有一些方法可以让人们从煤炭中获取更多的能量。其中一种方法是“煤粉燃烧”，于1914年左右出现，现在仍被广泛使用。这种方法是将煤粉碎，使其变成与定妆粉类似的细小颗粒。将煤粉吹到炉子中，它会像气体一样燃烧。1976年，出现了另外一种燃烧方法，即“流化床燃烧”。这种方法是将煤炭颗粒和脱硫剂石灰石加入燃烧室床层，同时不断送入高速气流。与以前使用的燃烧方法相比，这一过程有助于减少污染。

煤是一种很脏的燃料，它含有许多杂质，比如硫。煤燃烧时，这些杂质会释放出来，造成污染。

燃烧

燃烧一般是指可燃物与氧气发生的一种发光、放热的剧烈氧化反应。天然气，也就是甲烷（CH_4），会与氧气（O_2）反应生成二氧化碳（CO_2）和水（H_2O）。大多数燃料都含有碳元素，燃烧后会产生二氧化碳气体，这是导致全球变暖的一个原因。即使没有释放出其他污染物，这已经对环境造成了危害。

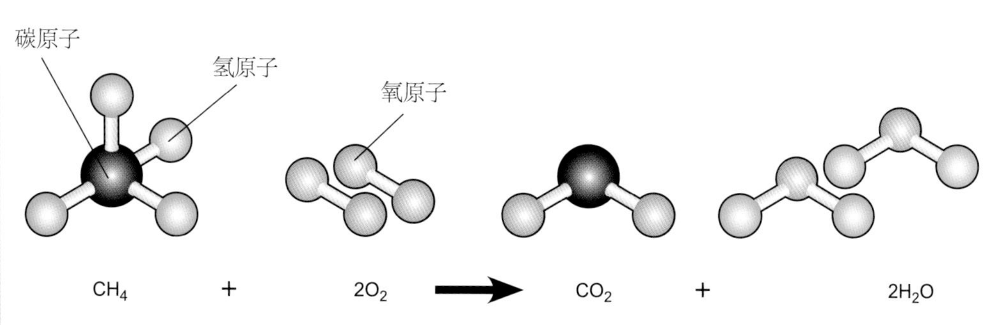

许多石油和天然气都储藏于海床之下。人们会在海上搭建钻井平台，直通海底，钻井采油。

石油和液体燃料

石油（通常也称为“原油”）主要由碳氢化合物组成。它源于数百万年前死亡的微生物，其残骸在地下热量和压力的作用下逐渐转换为液体和气体。石油会自然渗入地表，蒸发后变成沥青。沥青是一种黏稠的焦油状物质，古代用于建筑和医学当中。

起初，油田的主要产品是用于油灯和加热器的煤油，还有润滑剂和用于道路施工的焦油。1900年以后，汽车开始大量生

相关信息

总有一天，化石燃料会被耗尽。最近的估算表明，按照目前的使用速度，石油将在45年多一点的时间内用完，天然气将在50年内耗尽，煤炭将在大约110年内耗尽。

石油工业

自古以来，动物油脂和植物油就被用于油灯之中。19世纪初期，人们从煤和一种被称为“油页岩”的岩石中蒸馏出了另一种广为使用的油，即“煤油”。但直到19世纪50年代，随着美国石油工业的发展，液体燃料才开始像今天一样占据主导地位。石油用作燃料的历史可以追溯到1859年，当时美国宾夕法尼亚州泰特斯维尔镇打出了一口油井。几年后，世界上第一条输油管道建成。随着美国得克萨斯州、俄克拉荷马州和加利福尼亚州各大油田的发现，石油行业迅速发展起来。

上图描绘了19世纪中叶美国宾夕法尼亚州泰特斯维尔镇的油井。石油被存放在木桶中。到1872年，油桶的标准容量为159升。

产。此前，汽油一直被当作一文不值的危险品而丢弃，现在却成为这一行业最重要的产品。人们发明了分馏法，将溶解的气体、汽油、柴油和重油（可以为蒸汽机提供动力）全部从原油中分离出来。原油的不同成分（馏分）在分馏塔的不同层次冷凝排出。但是，以这种方式从原油中获得的汽油比例是有限的。

大约在1913年，热裂解法问世。

1936年起，人们开始使用催化剂，这种方法更为有效。如今，炼油是一个复杂的过程，可以为化工行业生产各种燃料和原材料。

水力压裂法

水力压裂法是指向下钻井并在高压下注入水、沙子和化学物质等混合物，以此从地下提取石油，尤其是天然气。这种方法会使岩石碎裂，能以较低的成本将岩石中的石油和天然气提取出来。反对水力压裂法的人认为，这种方法会污染地下水、导致地震，影响在油田附近居住的人们的生活和健康。

水力压裂法效率很高，但备受批评。

分馏塔高高地耸立在炼油厂中，它将不同成分从原油中分离出来。

天然气

与原油一样，天然气也是从地下储层中提取的。天然气的主要成分是易燃的甲烷（CH_4）。2000年前，中国人就用竹管输送天然气，再通过燃烧天然气来照明。但是，城市煤气是西方使用的第一种主要的气体燃料。城市煤气由氢、一氧化碳和甲烷混合而成。甲烷通过燃烧固体煤获得。苏格兰工程师威廉·默多克（William Murdoch，1754—1839）等人做了一系列实验之后，成立了一家公司，于1807年开始为伦敦提供城市煤气。同年，伦敦安装了第一批城市煤气路灯。

此后，欧洲一直使用城市煤气，直到20世纪60年代，城市煤气被天然气替代。

早期路灯使用的是城市煤气。点街灯的灯夫在黄昏时将每盏灯点亮，第二天清早再将其熄灭。

社会和发明

国际政治、石油和天然气

21世纪，石油已然成为强大的武器。缺乏石油资源的国家往往认为自己在战略上受到了威胁。煤炭丰富但石油匮乏的德国和南非成为利用煤炭生产石油燃料的技术开创者，这绝非偶然。中东尤其是沙特阿拉伯的石油资源十分丰富，该地区的国际政治因此变得更加复杂。此外，开采石油和天然气还会产生环境问题，尤其是在以前很少进行开采活动的地区，如北冰洋。人们预计石油储备即将耗尽，这将进一步加剧国际政治问题。

重大开采事故和石油泄漏事件已经引起了公众对开采石油，尤其是在深海海底钻探石油安全性的关注。

其他气体产品

除天然气外，液化石油气（LPG）也很重要。液化石油气由炼油制得或通过天然气冷凝而成。乙烷、丙烷和丁烷比甲烷更容易保持液态，长期以来一直是偏远地区的方便燃料。此外，气体乙炔（C_2H_2）燃烧时火焰温度很高，可用于焊接金属。氢气也是一种潜在的重要燃料。与上述其他气体不同，氢气不含碳，因此燃烧时不会释放煤烟和二氧化碳。人们希望将来可以通过分解水来获得氢气，以及使用太阳能或其他清洁能源发电，从而减少污染。

氧炔焰气焊枪有两个气体喷嘴，一个喷的是氧气，另一个喷的是乙炔。两种气体结合起来，燃烧时温度极高，可以切割金属。

下图为液化石油气船，即运输液化石油气的船舶。液化石油气装在船上大型的罐子中。将气体燃料压缩冷却为液体，运输更容易，也更安全。

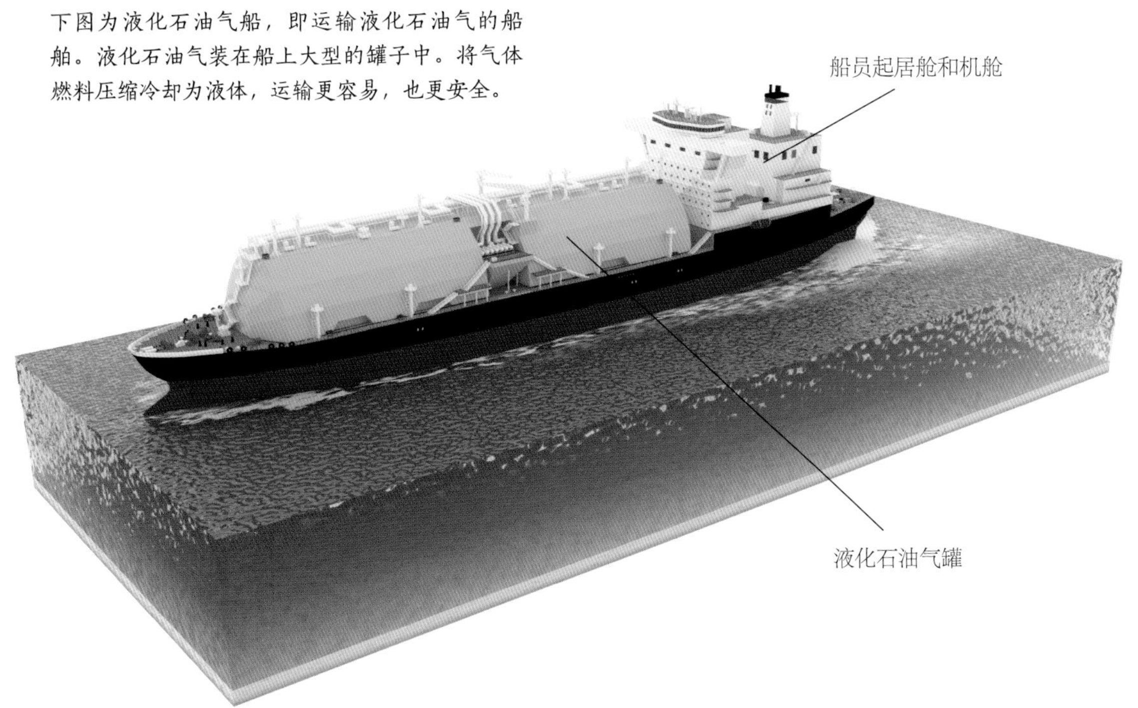

城市煤气含有一氧化碳，容易导致人中毒。天然气则是无毒的，不过它仍然是一种非常危险的物质，很容易引起爆炸。

在美国，人们开采石油时经常会发现天然气，但起初天然气并没有什么用途。直到20世纪，天然气才变得重要起来。第二次世界大战之后，美国在全国范围内铺设钢管，用于输送高压气体。20世纪50年代末以来，人们利用冷藏船将液化天然气（LNG）输送到世界各地。此外，人们还发明了将天然气泵入地下岩层的储存方法。作为适合家庭使用的清洁燃料，天然气的重要性日益提高。

我们的祖先最早把木柴当作燃料可以追溯到大约100万年前。即使在今天，木柴仍然是地球上20亿人口的主要热源。

供热系统

数十万年来，人类一直用火来取暖。中国人在古代就开始使用效率更高的封闭式燃油炉具，西方国家在17世纪才发明了这种炉具。哲学家本杰明·富兰克林（1706—1790）大约在1744年对这种炉具进行了改进。

19世纪新燃料的出现为人们提供了新

中央供暖系统

除了个人的取暖方式，还有一种建筑物统一供暖的方式，那就是中央供暖系统。这种方式是在一处生热，然后通过管道将热量输送到建筑物的各处。古罗马的中央火炕供暖装置可以说是中央供暖系统早期的一个例子。大型古罗马建筑的地板下面留有特殊的空间，而且墙壁中设计了管道。中央火炕产生的热气和烟在这些空间和管道中循环，为房间供暖。后来，随着工业革命时期蒸汽机的发明，蒸汽也开始用于为工厂和其他建筑供暖。蒸汽加热的方式现在仍在使用，不过在现代建筑中，它往往被暖风管道（在美国和加拿大较常见）和循环热水供暖（在欧洲更为常见）所代替。19世纪末恒温器被发明以后，人们可以通过打开或关闭热源来控制房间的温度，现代供暖系统的控制机制则更为精细。

的热源。家用煤油加热器由此面世。到19世纪末，燃烧城市煤气的加热器变得十分普遍。大约在同一时间，人们首次发明了电加热器，如早在1887年美国弗吉尼亚州里士满的有轨电车就使用了电加热器。加热器有两种工作方式，一种是辐射热量，一种是对流的方式，即加热附近的空气，使空气受热上升并在房间中循环。当然，也可以两种方式混合使用。人们一直在不断努力，希望可以更好地利用拥有的能源。

如果建筑物具有良好的保温效果，它就可以防止热量浪费。某些地区采用热电联产的方式，太阳能电池板的使用率也在攀

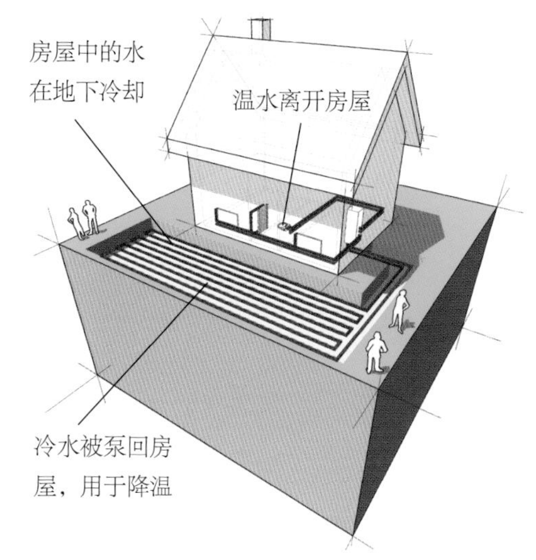

这种装置在冬天利用地下管道为房屋供暖，在夏天则用于为房屋降温。

气候变化

太阳的大部分能量以可见光的形式穿过地球的大气层。陆地和海洋吸收了太阳的能量，地表因此变暖。随后，热量以不可见的红外线辐射的形式加以释放。很多热量散发到太空中，但有些热量会被大气中的气体捕获，地球上的大气因此可以保持温暖。这个过程就是温室效应，大气的作用就像温室的玻璃一样。温室气体主要包括水蒸气、二氧化碳和甲烷。温室效应保证了地球低层大气的温度，生物因此得以生存。然而，在过去的250年中，因为化石燃料的燃烧，二氧化碳的排放量增加了1/3以上。这些多余的气体会在大气中捕获更多的热量，从而导致全球温度显著上升。全球变暖将改变世界的气候，引发更多的极端天气状况，如洪水和干旱。极地冰层正在融化，海平面因此上升，沿海城市将受到威胁。

地球上的冰川和冰盖正以越来越快的速度融化，海平面因此不断上升。这是由全球变暖引起的。

升，如在以色列，超过90%的生活热水来自太阳能发电。

光

除火光外，最早的照明设备是小型的碟形灯。考古发现，这些灯自古便被人们使用。它们通过灯芯吸收植物油或动物油脂来燃烧发光。在19世纪之前，蜡烛和各种油灯一直都是人造光的主要来源。

1784年，瑞士发明家弗朗索瓦-皮埃尔·阿米·阿尔冈（François-Pierre Amis Argand，1750—1803）发明了一种灯，灯芯呈环形，内外均有空气，并由玻璃圆筒罩住。这个发明要比以前的灯好得多。

爱迪斯旺公司（Ediswan）可能是第一家灯泡制造商。这家公司是由托马斯·爱迪生和约瑟夫·斯旺（Joseph Swan）共同创办的。

激光

激光的英文全称为 Light Amplification by Stimulated Emission of Radiation，意思是“受激辐射的光放大”。激光是一种聚焦光的方式，第一台运行正常的激光器于1960年投入使用。激光已经成为现代世界的一个重要组成部分，它的应用十分广泛，如用于条形码扫描仪、公共灯光秀，甚至致命的军事武器。

激光可以用来切割金属、读取CD、做手术。

下图为低能耗灯泡，由弯曲的管状荧光灯制成，小巧轻便，效率很高。

到19世纪50年代，电气照明已经成为现实。第一个电灯是弧光灯，于19世纪初年由英国化学家汉弗里·戴维爵士（Sir Humphry Davy，1778—1829）发明。在这盏灯中，两个碳棒之间会产生电火花，同时发出强烈的光。后来，人们开始探索用电流使灯丝发光的可能性。要想不让灯丝被烧，它的周围应是接近真空的状态。最终，托马斯·爱迪生（Thomas Edison，1847—1931）等人发明了灯泡，也就是白炽灯。早期的灯丝由碳制成，但后来被金属钨所取代。钨发出的光更热、更亮，而且不会熔化。到了21世纪，更节能的荧光灯取代了白炽灯。

汽灯罩

1800年左右城市煤气投入使用后，许多煤气灯上市。人们还尝试将各种材料放置在气焰周围，让它们发光，以增加光的亮度。19世纪80年代，卡尔·奥尔·冯·韦尔斯巴赫（Carl Auer von Welsbach，1858—1929）发明了汽灯罩。汽灯罩是一种上面涂有化学物质的布网，受热时会发光。

野营灯配有布罩，可使火焰的光更加明亮。

荧光灯

典型的荧光灯是一种充有汞蒸气的灯管，其中汞蒸气的密度非常低，灯管的两端各有一个电极（接线端子）。打开灯时，电子从负极（阴极）释放出来，向正极（阳极）移动。它们在途中碰到汞原子时会发出紫外线。紫外线被玻璃灯管上的特殊荧光涂层（包含磷光体）吸收，能量以可见光的形式释放。荧光灯比白炽灯更节能，在大型建筑物中很常见。

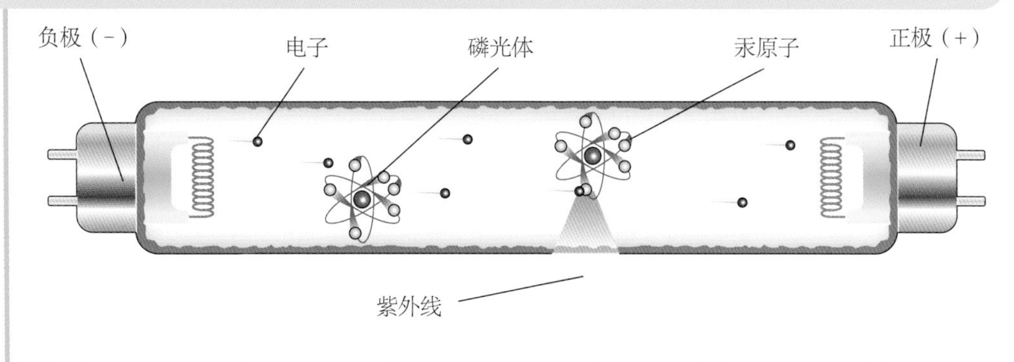

动力来源

发动机驱动着时代不断向前发展。从飞机、火车到汽车，再到火箭，它们几乎都由燃烧燃料的发动机提供动力。但是，在不久的将来，人们将会使用更清洁的机器，动力来源也将更加环保。

上图的汽车发动机由管道、气室和操纵杆组成，它们能从汽油中提取能量，从而驱动车轮转动。

“发动机”一词曾用于指代几乎任何类型的机器，包括水磨在内。严格来说，将常规燃烧或核燃料反应产生的热能、地热能和太阳能等转换为机械能的动力机械被称为“热力发动机”。第一台蒸汽机通过加热水产生水蒸气来提供动力，后来燃烧汽油和柴油的发动机也问世了。未来的发动机则可

气压

气体（如水蒸气）分子四处移动并与物体表面碰撞时会产生压力。每次与容器壁碰撞时，它们都会给容器一个推力。压力以某个区域所受的推力来衡量，那么向容器中添加更多的气体，气体碰撞容器壁的次数增加，压力也会同时增大。同样，气体受热时，分子运动速度更快，碰撞频率更高，产生的压力也会更大。

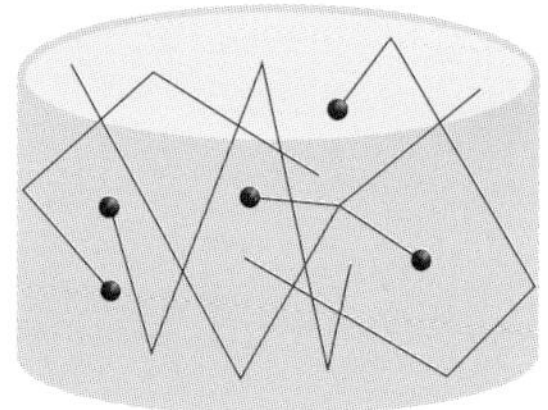

气体碰撞容器壁，产生压力。

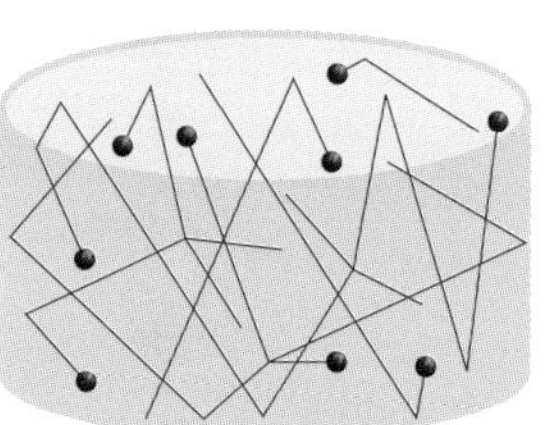

同一容器中气体增多，产生的压力更大。

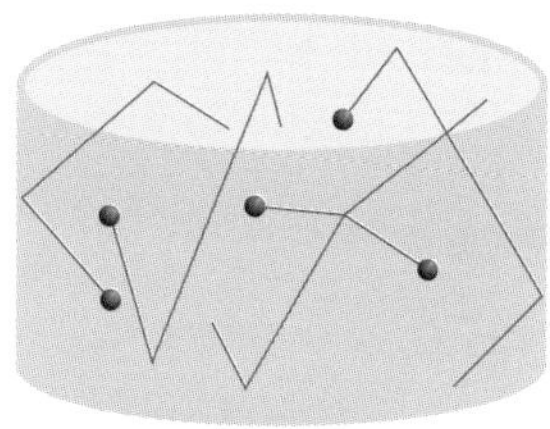

温度低的气体移动速度较慢，压力较小。

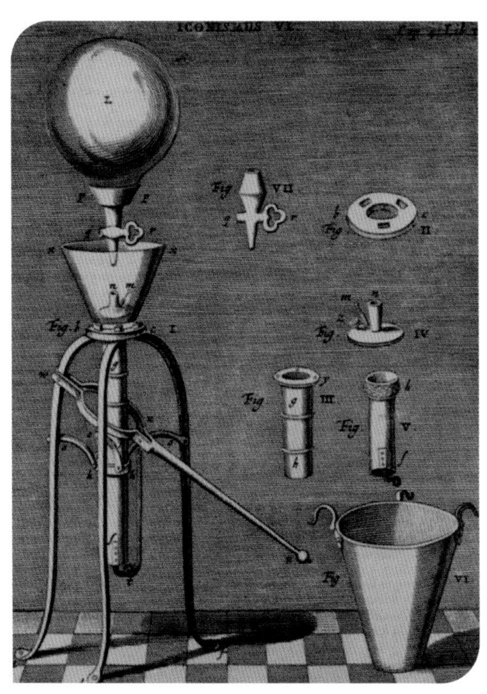

如上图所示，17世纪发明的泵更为先进。罗伯特·玻义耳由此研究了气体的行为。他通过压缩气体使之达到高压的状态。

能会使用氢气或其他清洁燃料。

漫长的蒸汽之路

直到17世纪，人们才开始认真研究如何利用蒸汽。1660年，英国物理学家和化学家罗伯特·玻义耳（Robert Boyle，1627—1691）提出了一系列描述气体行为的定律。这些定律包括一个重要的观察结果：如果在密闭的容器中加热气体，其压力会增加。从那时起，这条定律一直被应用于所有发动机中。1679年，曾在英格兰为玻义耳工作的法国数学家和物理学家丹尼斯·帕潘（Denis Papin，1647—1712）发明了一种小型蒸汽装置，他希望能把深深的矿井中的水抽出来，但最终以失败告终，因为他把锅炉和汽缸整合在了一个装置当中。30多年后的1712年，英国发明家托马斯·纽科门（Thomas Newcomen，1663—1729）制造了第一台有实际效用的蒸汽机，成功地将矿井中的水抽了出来。当时，总共生产了1000多台纽科门蒸汽机。

汽转球

尽管第一台蒸汽机直到18世纪才问世，但研究蒸汽这种动力形式的实验可以追溯到公元1世纪的发明家亚历山大的希罗。他发明的汽转球由一个球组成，两侧分别装有一个排气喷嘴。水沸腾时，球中充满水蒸气。水蒸气从喷嘴喷出，会带动球体转动，直到所有的蒸汽被耗尽。

据目前所知，亚历山大的希罗的汽转球从未用来驱动机器，它只是一种新奇的玩意。

现在看来，纽科门蒸汽机似乎运行缓慢，而且效率低下。它由一个单缸组成，必须交替加热和冷却。但是，另一位发明家詹姆斯·瓦特（James Watt，1736—1819）解决了这个问题。瓦特曾在苏格兰格拉斯哥大学研究仪器制造。瓦特在蒸汽机上多加了一个单独的汽缸（称为“冷凝器”），可以不断冷却。与纽科门的设计相比，瓦特的蒸汽机的效率要高得多，运行成本降低了约75%。

瓦特制造的第一台发动机只能进行往复运动（上下运动），他的合伙人、英国工程师和实业家马修·博尔顿（Matthew Boulton，1728—1809）劝他设计一种旋转运动（绕轴转动）的发动机。瓦特后来设计了横梁发动机。在这种发动机中，汽缸中的活塞上下摇动大横梁，横梁通过齿轮转动轮子。1782年，瓦特发明了双作用式旋转蒸汽机。

在这台蒸汽机中，蒸汽压力交替传送到汽缸的两端。出于安全考虑，瓦特的发动机使用的是低压蒸汽，但这意味着机器必须很大，因此也就限制了它的用途。

美国工程师奥利弗·埃文斯发明了一种高压蒸汽机，它比瓦特的蒸汽机要小。埃文斯制造了大约100种不同的发动机供工厂使用。1801年，高压发动机的另一位先驱，也就是英国工程师理查德·特里维希克

詹姆斯·瓦特虽然并非发明蒸汽机的第一人，但是他的创新使蒸汽机在工业上更实用。功率的单位“瓦特”（W）就是以他的名字命名的。

纽科门蒸汽机

纽科门蒸汽机包含一个大型铜制锅炉，通过燃煤将其中的水加热产生水蒸气。他的创新在于在锅炉上方设计了一个单独的活塞和汽缸，将膨胀的蒸汽转化为有用的往复运动。锅炉中的蒸汽不断膨胀，进入汽缸，向上推动活塞并驱动泵工作。然后，汽缸经水冷却，产生局部真空的状态，从而将活塞拉回原位，再次驱动泵。

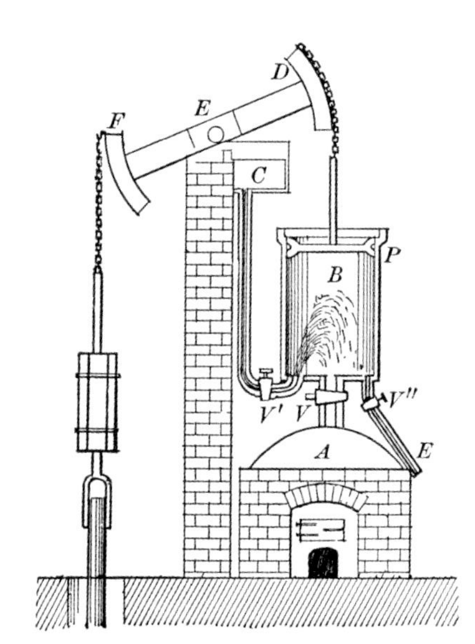

据说，纽科门发明的蒸汽机——“大气式蒸汽机”具有20匹马的力量。

蒸汽机

瓦特改良的双活塞蒸汽机效率更高。蒸汽机锅炉产生的蒸汽通过阀门进入汽缸。蒸汽压动主活塞，将其推向汽缸一端。这时，连杆被拉向发动机，连接飞轮的曲柄将发动机的往复运动转换为飞轮的旋转运动。随着飞轮的旋转，凸轮形状的偏心环也旋转起来，偏心环较宽的部分将偏心杆推向发动机。偏心杆与小活塞相连，小活塞被推到汽缸的一端。这会将蒸汽引到主缸的另一端，迫使主活塞复位，并改变连杆的方向。因为曲柄的设置，飞轮可以持续顺时针旋转。偏心环旋转，将小活塞拉回初始位置，重新开始这一过程。

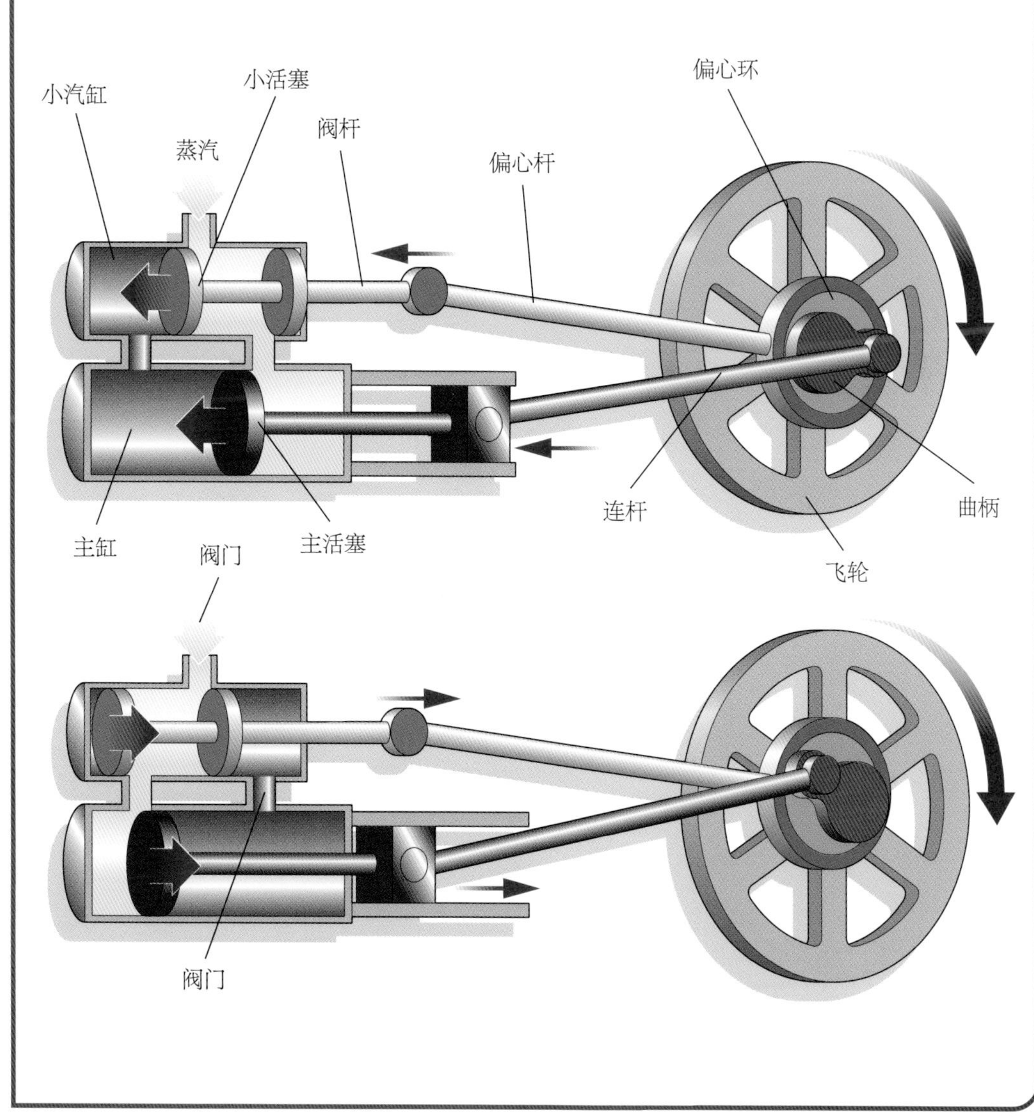

（Richard Trevithick，1771—1833）制造了一种蒸汽机车，用于在道路上运载乘客，这便是汽车的雏形。

在蒸汽机车中，来自燃烧室的热烟通过管道（图中黄色所示）穿过锅炉。管道将水加热，形成水蒸气，烟通过烟囱逸出。

内燃机

虽然这种新型蒸汽机很受欢迎，但也有很多缺点，如不清洁、噪声大、大而笨重、需要分开供应水和燃料。此外，它的效率也很低，这主要是因为它需要单独的锅炉来加热水。这种外燃发动机（燃料在汽缸外燃烧）逐渐被更高效的内燃机（燃料在汽缸内燃烧）所取代。

继法国工程师尼古拉·萨迪·卡诺

斯特林发动机

早期蒸汽机的最大缺点就是锅炉在高压下容易爆炸。1816年，英国发明家罗伯特·斯特林（Robert Stirling，1790—1878）为了解决这个问题，设计了一种无须锅炉即可运行的外燃发动机。斯特林发动机的汽缸内有两个连接在一起的活塞，汽缸由炉子从外部加热。一个活塞用于驱动轮子，另一个活塞用于排出热空气。从木材到核能，斯特林发动机可以使用任何燃料，对环境的污染比普通发动机少，并且效率很高。这种发动机也可以使用汽油，但是它的体积太大，无法安装在汽车内部。

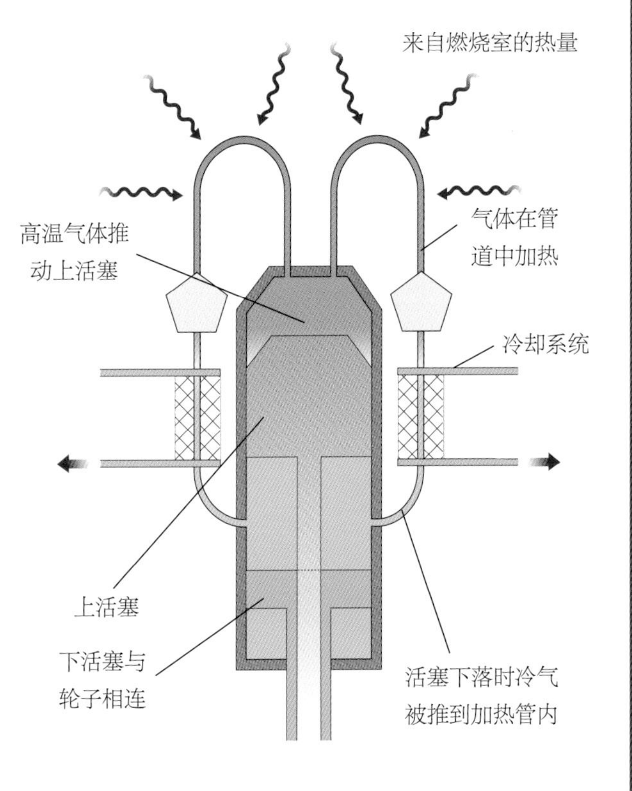

社会和发明

蒸汽机在交通运输业中的应用

到1810年，蒸汽机已为人们提供了各种新的出行方式。1801年，理查德·特里维希克用蒸汽机代替马匹为车辆提供动力。1804年，他利用类似的技术制造了世界上第一台蒸汽火车。蒸汽机很快用到了船舶上。第一艘真正的汽船是由英国机械工程师威廉·赛明顿（William Symington，1764—1831）建造的。1807年，美国工程师罗伯特·富尔顿（Robert Fulton，1765—1815）开始提供定期的汽船服务，汽船沿哈德逊河行驶，往返于纽约和奥尔巴尼之间。他的“克莱蒙特号”汽船的平均航行速度为8千米/时。蒸汽机的出现虽然为人们提供了公路、铁路或海上旅行的途径，但始终存在锅炉爆炸的危险。

“大东方号”汽船是一艘铁制轮船，于1858年启用。它是当时建造的最大的船舶，这一地位保持了41年。

（Nicolas Sadi Carnot，1796—1832）和阿方斯·博·德罗沙（Alphonse Beau de Rochas，1815—1893）的研究之后，内燃发动机于19世纪末问世。1824年，卡诺在罗伯特·玻义耳的气体定律的基础上发表了《论火的动力》，阐述了他有关发动机效率的理论。但是，当时有很多具有实用性的蒸汽实验，所以卡诺的文章没有产生深远的影响。1859年，法国工程师让·约瑟夫·勒努瓦（Jean Joseph Lenoir，1822—1900）制造了一种发动机，动力来自燃烧城市煤气和空气的混合物。1862年，德罗沙证明一台实用的发动机需要经过四个冲程的运行周期。

到1867年，德国工程师尼古劳斯·奥古斯特·奥托（Nikolaus August Otto，1832—1891）生产出了第一台应用四冲程循环原理的内燃机。目前尚不清楚奥托的发动机是否借鉴了德罗沙的早期研究，但我们认为奥托是四冲程内燃机的发明者。几乎所有的汽车发动机都采用了这个想法。

汽油的使用

奥托发明的发动机对比蒸汽机有相当大的进步，但是仍有问题存在，其中最主要的问题在于它所使用的燃料是天然气。当时天然气难以供应，而且成本很高。19世纪七八十年代，发动机开始使用其他燃料，包括煤油。1884年，德国工程师戈特利布·戴姆勒（Gottlieb Daimler，1834—1900）发明了我们所熟悉的汽油发动机。他的创新在于引入了一个单独的装置，即“化油器”（汽油与空气在这里混合）。另一项重大突破出现在1892年，当时一位名叫鲁道夫·狄赛尔（Rudolf Diesel，1858—1913）的德

从很早开始，汽车制造商就通过制造装配有强大发动机的赛车来展示自己的技术。

国机械工程师申请了一项发动机专利。该发动机是在奥托发动机的基础上发明的，使用的燃料是柴油。20世纪，发动机经历了一系列改进，今天的发动机仍然与奥托、狄赛尔和戴姆勒早期制造的四冲程活塞发动机有关。

尽管活塞发动机有其优点，但并非没有缺点。最明显的缺点是，它们的功率是有限的——汽缸就那么大，活塞的速度也只能那么快。另外，发动机在体积不变的情况下，活塞和汽缸的数量也是有限的。其中一种解决方法是使用燃气轮机，它与蒸汽轮机不同。蒸汽轮机由来自单独锅炉的蒸汽驱动，而燃气轮机由燃料在发动机舱内燃烧时逸出的热气驱动。蒸汽轮机是外燃机，而燃

柴油发动机

柴油发动机不使用火花塞，而是将燃料压缩，加大压力使其自燃。19世纪90年代，柴油发动机面世，它是当时最有效的发动机。但是，要想达到更高的压力，柴油发动机必须又大又坚固。历史上，柴油发动机始终是卡车、轮船和大型运输工具的“宠儿”，而汽油发动机通常用于汽车中，原因便在于此。

四冲程内燃机

在内燃机中，汽缸内燃烧的燃料会驱动活塞运动。随着发动机不断重复四个独立的冲程，活塞在汽缸内上下往复运动。

1. 吸气： 活塞向下移动，使燃料和空气的混合物通过进气阀进入汽缸。

2. 压缩： 活塞向上移动，压缩燃料和空气的混合物，为燃烧做好准备。

3. 做功： 混合物被电火花点燃，在汽缸内猛烈燃烧。燃烧的混合物温度升高，不断膨胀，将活塞向下推。

4. 排气： 活塞向上移动，将燃烧的气体通过排气阀排出。

5. 旋转： 在大多数汽车发动机中，4个或更多个活塞使曲轴旋转。每个连杆大端都与曲轴相连，将活塞的上下往复运动转换为旋转运动。

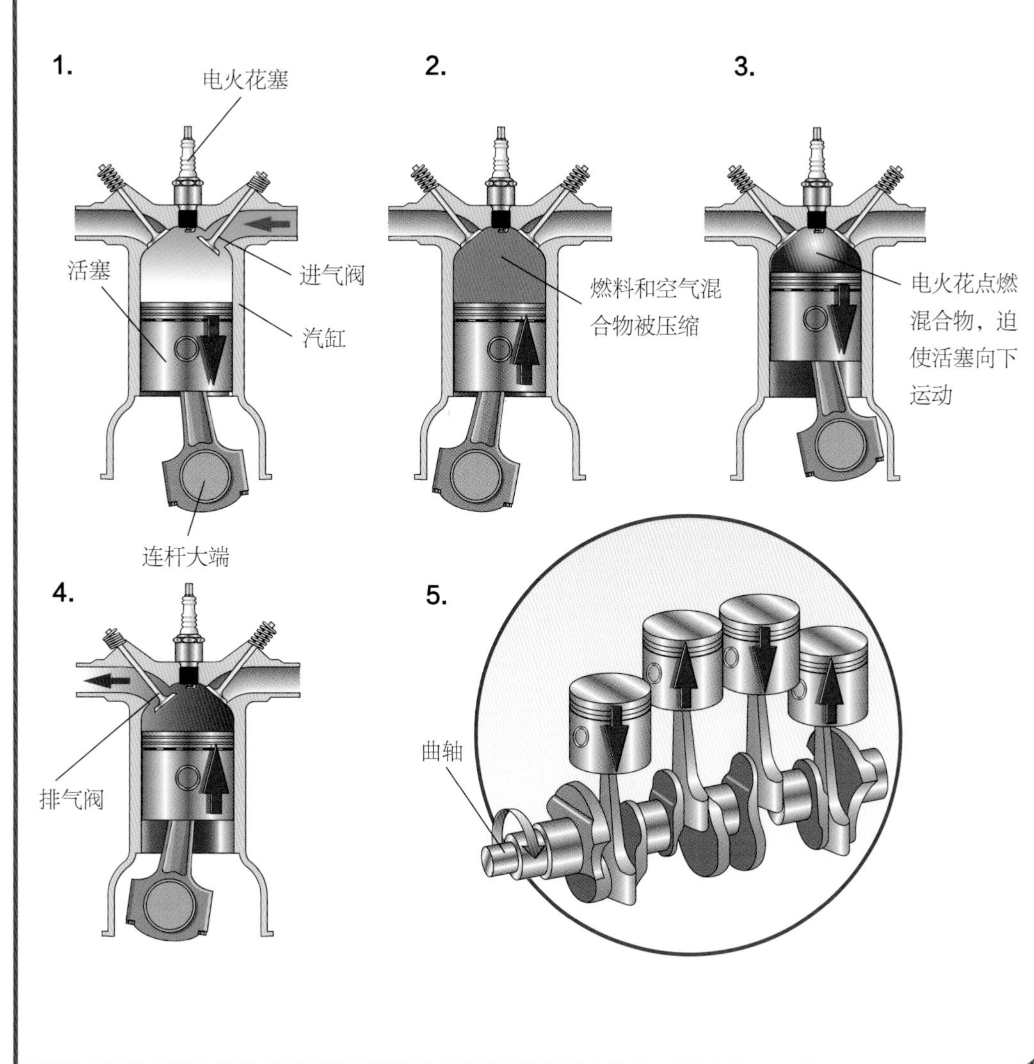

相关信息

- 美国工程师威尔伯·莱特（Wilbur Wright，1867—1912）和奥维尔·莱特（Orville Wright，1871—1948）兄弟制造了第一架实用飞机。1903年，他们自制了四缸内燃机。它由铝铸造，功率约为8.8千瓦，重量仅为69千克，每分钟转数为1000。莱特兄弟的这架开创性的飞机由内燃机通过改造后的自行车链条驱动。
- 现代客机的发动机重约6000千克，能产生31万牛顿的推力。
- 世界上最大的喷气发动机是通用电气公司生产的GE9X。它的直径为3.4米，能产生44.5万牛顿的推力。

螺旋桨飞机由星形活塞发动机驱动，其活塞围绕中央曲轴呈环形排列。

查尔斯·帕森斯爵士

1884年，英国工程师查尔斯·帕森斯（Charles Parsons，1854—1931）发明了高速蒸汽轮机。在这种蒸汽轮机中，锅炉喷射出的蒸汽驱动明轮连续转动，由此替代了活塞。后来，帕森斯又研发了第一台实用的蒸汽轮机，并率先用在发电厂中和船舶上。他的“透平尼亚号”汽轮游艇（右图）于1887年启航。到1910年，军舰都开始使用这种动力技术。

气轮机是内燃机。

1791 年，英国发明家约翰 • 巴伯（John Barber，1734—1801）制造了一种以燃气轮机为主要部件、理论上可行的装置，并为其申请了专利，但直到 1903 年左右，法国才成功制造出这种发动机。

美国燃气轮机的发明晚于欧洲，且最初主要用于工业。一位名叫桑福德 • H. 摩斯（Sanford H. Moss）的美国年轻工程师从 1902 年开始在康奈尔大学设计燃气轮机，后来为通用电气公司生产军用设备。1937 年，瑞士工程公司布朗 • 勃法瑞为美国宾夕法尼亚州的太阳石油公司开发了第一台工业燃气轮机。

1941 年，美国联合太平洋铁路公司开发了机车燃气轮机，并在不到 10 年的时间里为公司的所有机车都换上了新的发动机。但是，燃气轮机最适合持续产生较大的功率。因此，就燃料消耗而言，燃气轮机成本高昂。1969 年之后，美国联合太平洋铁路公司不再使用这种燃气轮机。

就像蒸汽轮机取代了轮船的蒸汽机一

燃气轮机

涡轮是一种带有叶片的轮子，类似于螺旋桨或电风扇。当液体或气体经过时，叶片会旋转。水车就是一种简单的涡轮结构。

燃气涡轮发动机，亦称“燃气轮机”，由 3 个关键部分组成，即压气机、燃烧燃料的燃烧室和旋转的涡轮。空气通过进气口被吸入压气机，经压缩后在燃烧室中与燃料混合并燃烧，温度非常高。一般来说，气体离开燃烧室的温度最高可达 1700°C，速度最高可达 2900 千米/时。热气冲过涡轮，使其高速旋转。涡轮可用于驱动涡轮螺旋桨发动机中的螺旋桨、机车的变速器及发电厂中的发电机。在喷气发动机中，涡轮只用于驱动压气机而非驱动螺旋桨，热气从发动机喷出后，反作用力会推动飞机前进。机翼提供升力。与活塞发动机相比，燃气轮机的主要优势在于燃烧是持续的——在更高的温度下，用更少的时间燃烧更多的燃料。正是这一点使燃气轮机的功率足以驱动大型喷气式客机或铁路机车。

样，燃气轮机最终也取代了蒸汽轮机。1947年，“摩托炮艇2009”成为第一艘装配燃气轮机的舰艇。在10年之内，商船也开始配备燃气轮机。如今，燃气轮机仍广泛用于军舰和大型船只。

在发电厂中，两根粗管道将高压蒸汽带到用于发电的大型涡轮机中。

科学词汇

燃烧： 一般指可燃物与氧气发生的一种发光、放热的剧烈氧化反应。

离子： 指带电的原子或原子团。

涡轮： 指将流动工质（如液体和气体）的能量转换为机械能的旋转式动力机械。

电动汽车

传统的汽车发动机存在污染问题，而且全球化石燃料的储备有限，这意味着从21世纪20年代末开始，电力可能会成为汽车的主要动力来源。很多国家已经计划淘汰汽油和柴油发动机，用太阳能或风能等可再生能源驱动的电动机取而代之。混合动力汽车可以在汽油发动机和电动机之间切换，以适应不同的路况。电动汽车在动力方面具有优势，但是行驶距离受到电池容量的限制。截至2020年，纯电动汽车在所有汽车中的比例不到1%。

左边这张照片拍摄于1895年，照片上是托马斯·帕克（Thomas Parker）制造的电动汽车。但是，当时电动汽车在商业上并不可行。现在来看，电动汽车将是未来的发展方向。

燃料电池

燃料电池的发电原理是氢气和氧气经化学反应产生水。燃料电池的工作原理与普通电池类似，但是只要不断泵入化学燃料，燃料电池就不会停止工作。燃料电池有两个电极（正极和负极，即阳极和阴极），它们都浸在电解液中。电解液是一种含有带电粒子的液体。在正极，氢原子变成带电的氢离子，氢离子通过电解质到达负极。氢离子与氧气在负极反应生成水。氢离子的不断运动产生电流，用于驱动电动机。燃料电池不是发动机，它更像一个微型发电厂，为车辆或其他机器供电。

燃料电池的运行效率很高，但制造氢气燃料需要大量的能量。氢气的主要来源是水、汽油或天然气。虽然燃料电池本身并不污染环境，但氢气的制取过程会造成污染。只有解决这些问题，燃料电池才会像人们最初设想的那样清洁高效。

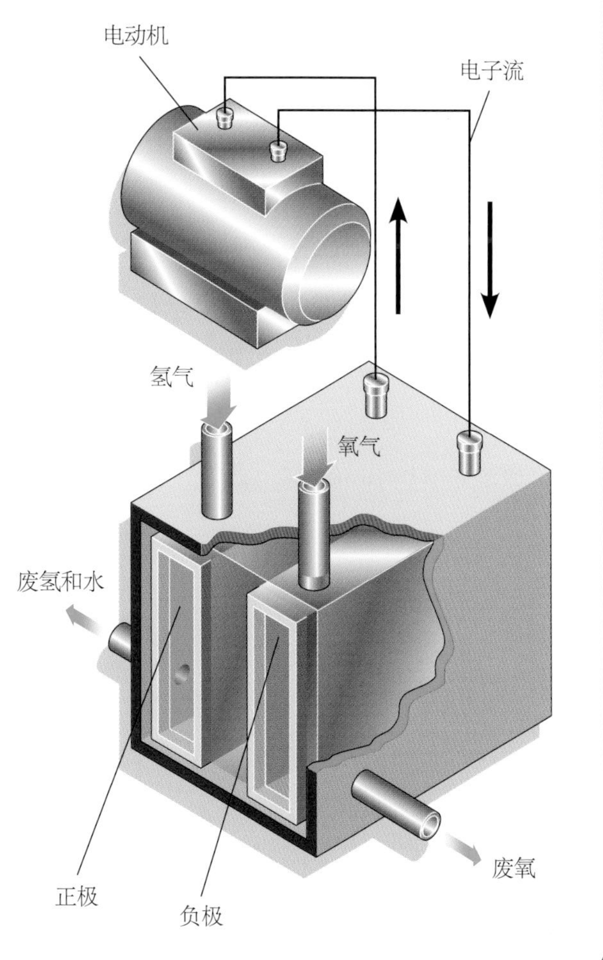

利用电力

如果古代的人可以通过时空穿梭来到现代，那么有一项发明对他们来说更像魔术，那就是电。

闪电是天然的电力来源。每道闪电包含的能量足以为一个灯泡供电两个月，地球上每秒钟大约会出现100道闪电。

在所有与动力和能源有关的发明中，电也许是对社会影响最大的一项发明。机器为生活带来了便利，发动机可以在任何需要的地方通过各种不同的燃料为机器提供动力，但是，正因为电的发明，机器才可以被置于距离动力源很远的地方，如发电站可以为在数千里以外的人烧开水壶中的水。

右图为琥珀矿石。英语中的“electricity”（电）和“electron”（电子）源自希腊语中的“elektron”（琥珀）。

静电和电流

电子是带负电荷的微小粒子，电子与质子和中子一起构成原子。电子也可以独立存在，大多数电现象都与电子有关。

电荷积聚会产生静电。如果你走在地毯上，鞋子和地毯纤维之间会发生摩擦，使电子从你的身上移到地毯上。这时，你会带有正电荷。你越走，累积的电荷越多。最后，当你触碰金属物体时，电荷会迅速流回地面，你会有一种轻微触电的感觉。云层穿过空气出现闪电也是类似的道理。美国物理学家罗伯特・范德格拉夫（Robert Van de Graaff，1901—1967）发明的范德格拉夫起电机可以产生超过100万伏的静电，可用于粒子物理实验。起电机底部的梳子摩擦会产生正电荷，正电荷沿着向上移动的传送带上传，聚集在顶部的空心金属球中。

如果说电子积聚在一处会产生静电，那么当电子在被称为“电路”的闭合路径中流动时，则会产生电流。闪电可粗略地说是云层与地球之间的电路。手电筒中的灯泡、电池和开关形成了一个简单的电路。当开关处于“开”的状态时，电路闭合，电源接通，灯泡点亮。

范德格拉夫起电机

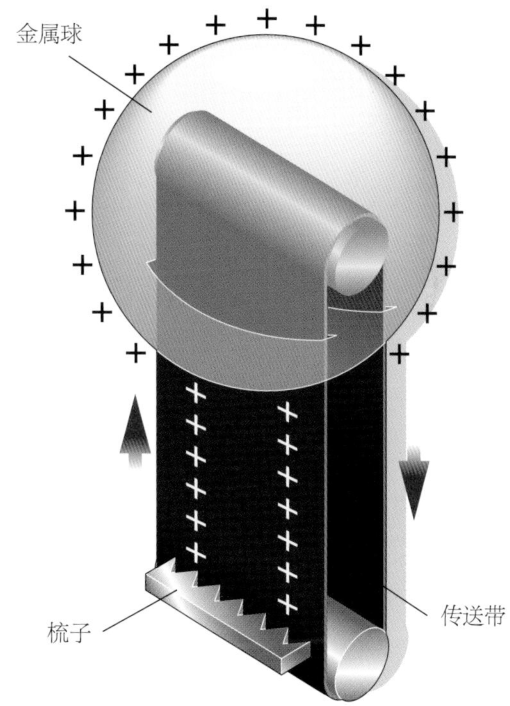

手电筒电路

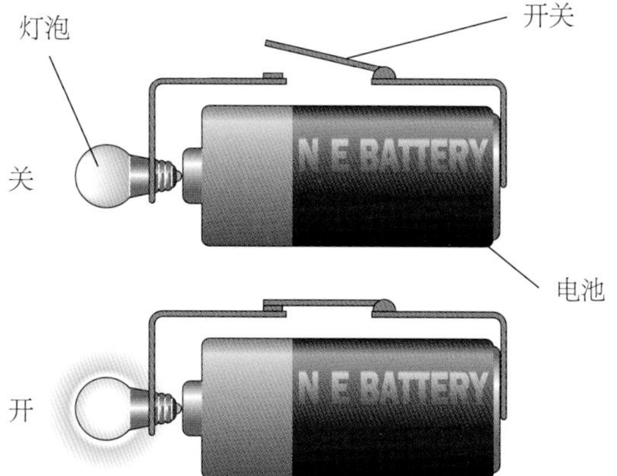

电的性质

当我们把物体从地面抬起时，它会以重力势能的形式获得能量。如果我们此时放开物体，这部分能量会随着物体从高处降到低处（落到地面）而释放。

同样，电池的原理就是提高一端相对于另一端的电势。这会使电子沿电路从高电势流向低电势。电池两端电势的差别被称为“电势差”，也被称作“电位差”，用伏特表示。现代电池的输出电压一般大约为1.5伏，架空电缆的输出电压为40万伏。

电流有两种形式：直流电（DC）和交流电（AC）。在直流电路中，电流沿一个方向流动；在交流电路中，电流会改变方向，来回流动。这两种电流分别有不同的用途：直流电用于敏感的电子设备及电镀等；交流电用于发电站，因为它的发电和输电效率都更高。电池产生的是直流电，而家中墙上插座提供的则是交流电。

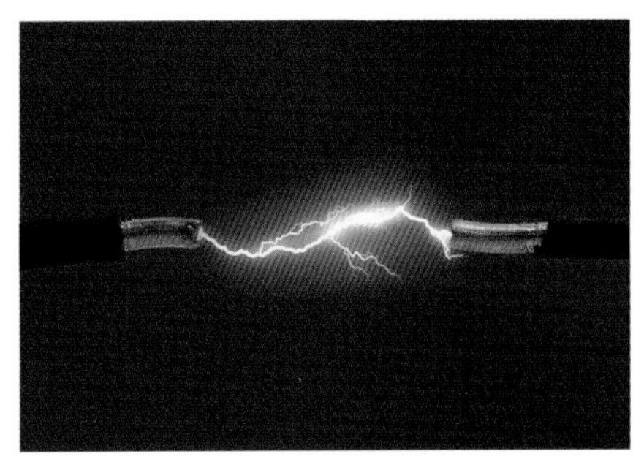

如果电线之间的电压足够高，电流就可以穿过空气，我们就能够看见电火花。空气的导电性比金属差得多。

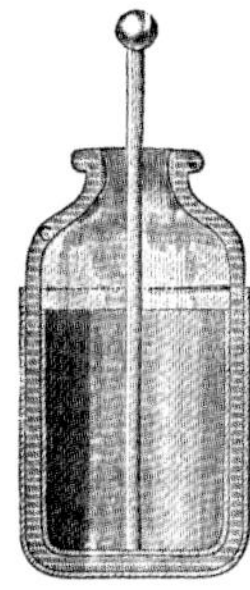

彼得·范·穆森布罗克（Pieter van Musschenbroek，1692—1761）发明了莱顿瓶，这是世界上第一个用于存储电荷的装置。莱顿瓶的内部和外部都有金属涂层，可以携带电荷。

电的形式

我们最熟悉的电的形式就是电流。电流在电路中流动，为电视、电脑和炉灶等提供电力。但是，早期的科学家只知道静电，它是引起闪电及人在地毯上走过之后突然感受到轻微触电的原因。古希腊哲学家米利都的泰勒斯（Thales of Miletus，约公元前624年—公元前546年）也许可以说是“静电之父”。公元前6世纪，他发现如果摩擦一种叫作“琥珀”的树脂化石，它就会吸起诸如稻草和羽毛之类的东西。

直到17世纪，人们才开始对静电有所了解。大约在1600年，英国物理学家、医生威廉·吉尔伯特（William Gilbert，1544—1603）指出，电是由一种叫作“电液”的液体引起的，摩擦琥珀时电液会离开琥珀流向被吸引的物体。德国物理学家、工程师奥托·冯·格里克（Otto von Guericke，1602—1686）制造了一台简单的静电发电机。该发电机由一个硫黄球组成，硫黄球被摩擦时，会积聚大量电荷。

电流及其影响

1733年，法国化学家查尔斯·迪费（Charles du Fay，1698—1739）指出，电荷分为两种：一种是“玻璃电”，也就是我们今天所说的正电荷；另一种是“树脂电”，也就是负电荷。尽管古希腊人知道静电（或者说至少了解静电现象），但直到2000多年后人们才发现了电流。1780年，意大利解剖学教授路易吉·加尔瓦尼（Luigi Galvani，1737—1798）用死鱼和死青蛙做实验来研究电的影响。他发现，电会使青蛙

本杰明·富兰克林

在电流研究初期，有一个最为重要的人物，他就是美国政治家、出版商、哲学家本杰明·富兰克林（Benjamin Franklin，1706—1790）。富兰克林十分着迷于电的魔力，他卖掉自己的印刷公司，一生投入电的研究中。

如今，富兰克林最著名的发明可能要属避雷针或导体了。他在电闪雷鸣中放风筝，捕获闪电，并将其存储在莱顿瓶中，以此证明它的威力。他很幸运，没有被雷劈死。莱顿瓶是用于存储电荷的玻璃瓶，内外都有金属涂层。

与查尔斯·迪费不同的是，富兰克林认为电荷是由某一液体的存在或缺席引起的。富兰克林命名了“正电”（拥有多余电液）和“负电”（缺少电液）。如今，人们把用毛皮摩擦过的橡胶棒带的电荷称为“负电荷”，把用丝绸摩擦过的橡胶棒所带的电荷称为“正电荷”。

据说，本杰明·富兰克林在风筝线上绑了一段电线，并将其连接到金属钥匙上，它会把闪电中的电荷引到莱顿瓶中。莱顿瓶是一种简单的电容器，或者说是电的存储单元。

亚历山德罗·伏特发明了电堆，也就是电池。推动电荷移动形成电流的力被称为“电压”，电压的单位（V）是以“伏特”命名的。

的腿部肌肉收缩，从而导致青蛙的腿抽搐。他得出结论，这是由肌肉内部的某种东西引起的。附近一所大学的自然哲学教授亚历山德罗·伏特（Alessandro Volta，1745—1827）认为，这是由电路中的电荷流动引起的。

他们发现的就是电流。伏特发现，把银、皮革或纸板（干燥的木浆）、锌叠在一起，浸在盐水中，可以产生电流。他设计的这个装置是世界上的第一个电池，因此它以发明者的名字被命名为“伏特电池”。

在电池中，化学反应可以产生电流，反之亦然。电流也可用于激发化学反应，这一过程被称为“电解”。英国有几位科学家，包括化学家汉弗莱·戴维爵士，开创了这门分离新元素的学科，后来被称为“电化学”。同时，它还催生了电镀技术，即在一种金属表面镀上另一种金属。

19 世纪上半叶，世界各地的科学家用这种新的电池为实验供电，希望揭开电的

电池

电池通过化学反应发电。如果出现离子（带电的原子），正极和负极的材料就会发生反应。电池用糊状电解质使电极保持分离。电解质不会阻止反应，但会迫使离子穿过反应物之间的电解质，从而产生可用于发电的电流。

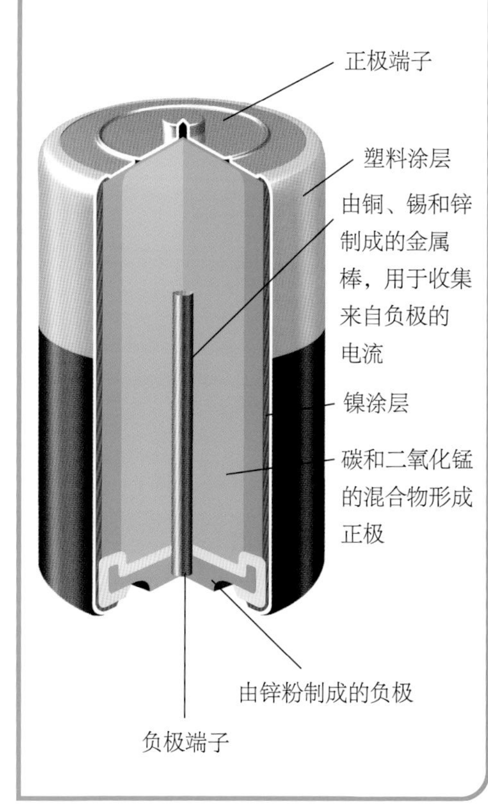

迈克尔·法拉第

令人惊讶的是，英国电学之父迈克尔·法拉第（Michael Faraday，1791—1867）几乎没有接受过正规教育。他十几岁的时候，成为汉弗莱·戴维的助手。戴维去欧洲游学了很长时间，法拉第也一同前往。他因此得以见到当时试图揭开电之谜团的著名物理学家和化学家。尽管法拉第的早期研究集中在静电上，但他在1831年做了一项著名的实验，奠定了他在科学史上的地位。他把一个铜盘放在磁铁的两级之间，铜盘旋转时会产生电流。法拉第发明了发电机，最终使大规模发电成为可能。

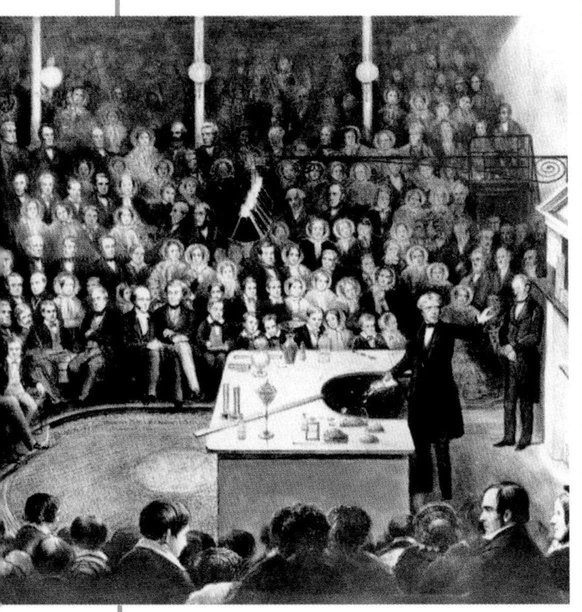

1856年，英国皇家学会举办的第一场圣诞节讲座的主题便是迈克尔·法拉第的发现。从那时起，几乎每年都会有顶级科学家在英国皇家学会举办圣诞节讲座。

超导体

绝缘体不能导电，如木材和橡胶。银和铜等易于导电的材料是导体，它们的电阻较小。但是，即使是最好的导体也会有一定的电阻。

当导体冷却到非常低的温度，即接近理论上可能达到的最低温度（-273℃）或绝对零度时，电阻就会神奇般地消失。这种现象被称为“超导性”，是电学研究中最有意思的一个领域。它是在1911年由荷兰物理学家海克·卡默林·翁内斯（Heike Kammerlingh Onnes，1853—1926）发现的。所谓的“高温超导体”是在20世纪80年代中期被发明的，这种材料在-150℃的温度下也会显示出相同的效果。

超导体可用于超高速计算机，还可以实现长距离传输电力而几乎不损耗电力。目前，它已被用于电磁铁中，能使高速磁悬浮列车“悬”于空中，并以高达515千米/时的速度行驶。磁悬浮列车改变了很多国家的交通运输格局。

超导体依靠大块磁体的斥力而悬浮其上。

变压器

变压器是一种用于改变电压的装置。它有两根电线缠绕在铁芯上，一根的线圈匝数多于另一根。如右图，红色线圈通电后，会在蓝色线圈中感应出两倍的电压。如果方向相反，则电压减半。变压器常被用于低压电器的插头中。

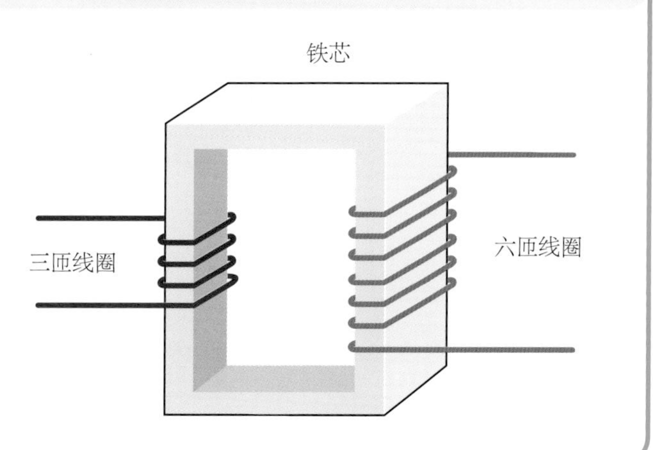

奥秘。德国物理学家乔治·西蒙·欧姆（Georg Simon Ohm，1789—1854）指出，当不同的物体导电时，电阻的大小取决于物体的大小和材料。英国物理学家詹姆斯·焦耳（James Joule，1818—1889）证明，一定量的电流会产生一定量的热量，从炉子到熨斗，各种电器都用到了这一特性。

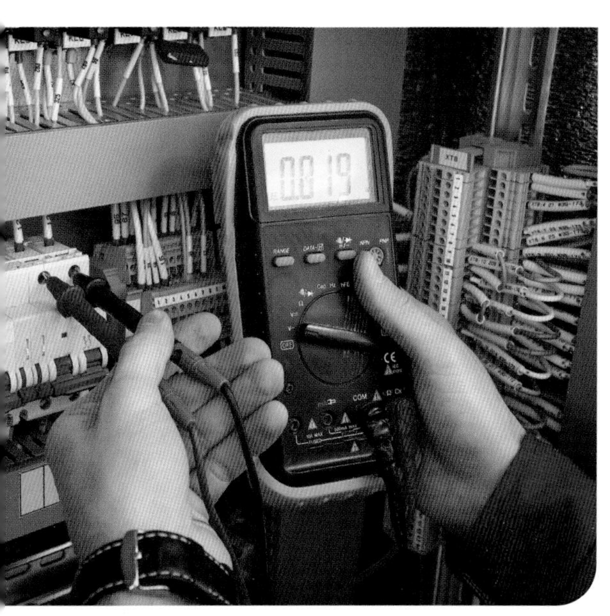

电和磁

电和磁是同一事物的两个不同方面，这也许可以说是最重要的研究了。1820年，丹麦物理学家汉斯·克里斯蒂安·奥斯特（Hans Christian Ørsted，1777—1851）指出，电流经过电线时，会使旁边的罗盘指针发生偏转。这个现象表明，电可以生磁。随后，法国物理学家安德烈-玛丽·安培（André-Marie Ampère，1775—1836）提出了这一现象背后的数学理论。因为这个理论非常重要，所以电流的单位现在以“安培”命名。

如果电能生磁，那么磁能生电吗？

这就是电磁感应原理研究的问题。英国物理学家、化学家迈克尔·法拉第和美国物理学家约瑟夫·亨利（Joseph Henry，1797—1878）在1820—1831年分别证实了这一原理。英国物理学家詹姆斯·克拉克·麦克斯韦（James Clerk Maxwell，1831—1879）

左图为电工使用万用表测量电压、电阻和电流。

麦克风和扬声器

麦克风和扬声器都属于换能器。这些设备会将能量从一种形式转换为另一种形式。声波通过空气时会携带能量，表现为空气压力下一种有规律的干扰模式。

麦克风可以将声波携带的能量转换为电能。声波压动塑料振膜，振膜又施加压力在压电晶体上。这种晶体受到压力时会产生电荷，电荷流经麦克风内部的电路时形成电流。电流的强度取决于原始声波中的能量。

扬声器则恰恰相反。收音机、音响或电视产生的电流流经线圈时，产生磁场。线圈放置在一大块永久磁体的两极之间，电流经过时发生振动。附着在线圈上的纸盆也会振动，空气压力随之变化，再现为我们听到的声音。

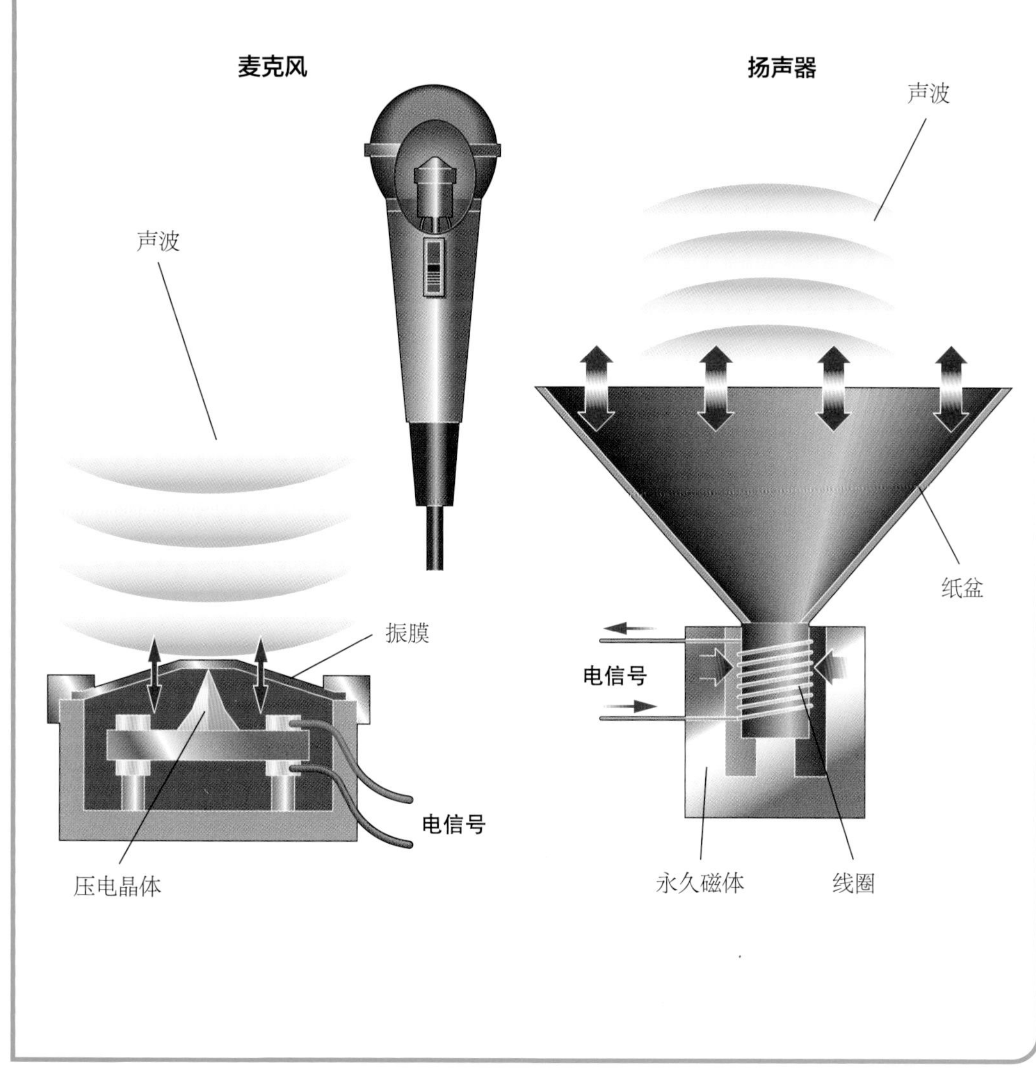

结合这些发现提出了电磁学理论。

电动机

19世纪以前，电在很大程度上只停留在科学家的好奇心上，它几乎没有实际用途。但是，电磁学理论改变了这一切。19世纪20年代，美国人约瑟夫·亨利（Joseph Henry）和英国电气工程师威廉·斯特金（William Sturgeon，1783—1850）制造了实用的电磁体。这些电磁体由线圈缠绕在铁棒上制成，铁棒与电池相连。

1832年，威廉·斯特金制造了一台实

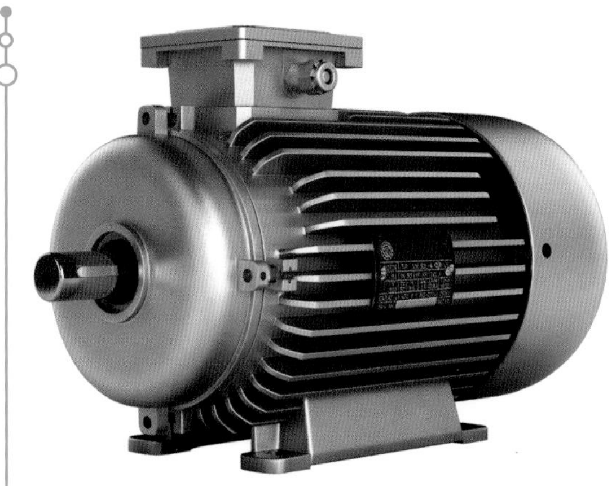

电动机可大可小。上图中的电动机可以为汽车提供动力，需要较强的交流电。它的原理与电动牙刷中的小型直流电动机相同。

社会和发明

早期的电器

简单的电器改变了人类社会，“接手”了日常生活中很多的辛苦工作。有些机器看起来如此现代化，以至于我们很难相信它们在100多年前就已经存在了。电热锅早在1893年就在芝加哥世界博览会上展出过，但因为原始模型使用的是裸露的金属丝，所以效率低下且十分危险。采用裹有外护层的金属丝制造的电热锅直到1921年才出现。

1907年，美国工程师阿尔瓦·J. 费希尔（Alva J. Fisher，1862—1947）发明了电动洗衣机。5年后，电动洗碗机也相继面世。20世纪40年代又出现了自动洗碗机。通用电气公司从1913年开始在美国销售电动烤面包机，不过当时这种机器一次只能烤一面。弹出式烤面包机是14年后由美国机械师查尔斯·斯特里特（Charles Strite，1878—1956）发明的。1928年，雅各布·希克上校（Jacob Shick，1877—1937）申请了电动剃须刀的专利。1935年，阿道夫·里肯巴赫（Adolph Rickenbacher，1886—1976）在吉他背面安装了麦克风，制造出了电吉他，创造了世界上第一个将声波转换成电波的电磁拾音装置。

20世纪以来，电动食品搅拌机的设计几乎没有变化。

电动机

电动机的工作原理和发电机很像，只是正好反过来，将电能转换为机械能。电动机的基础是电磁感应原理，即电流经过金属线时线圈周围会产生磁场。这个临时电磁场与电动机中的两个永久磁体相互作用，使线圈做出相应的反应。

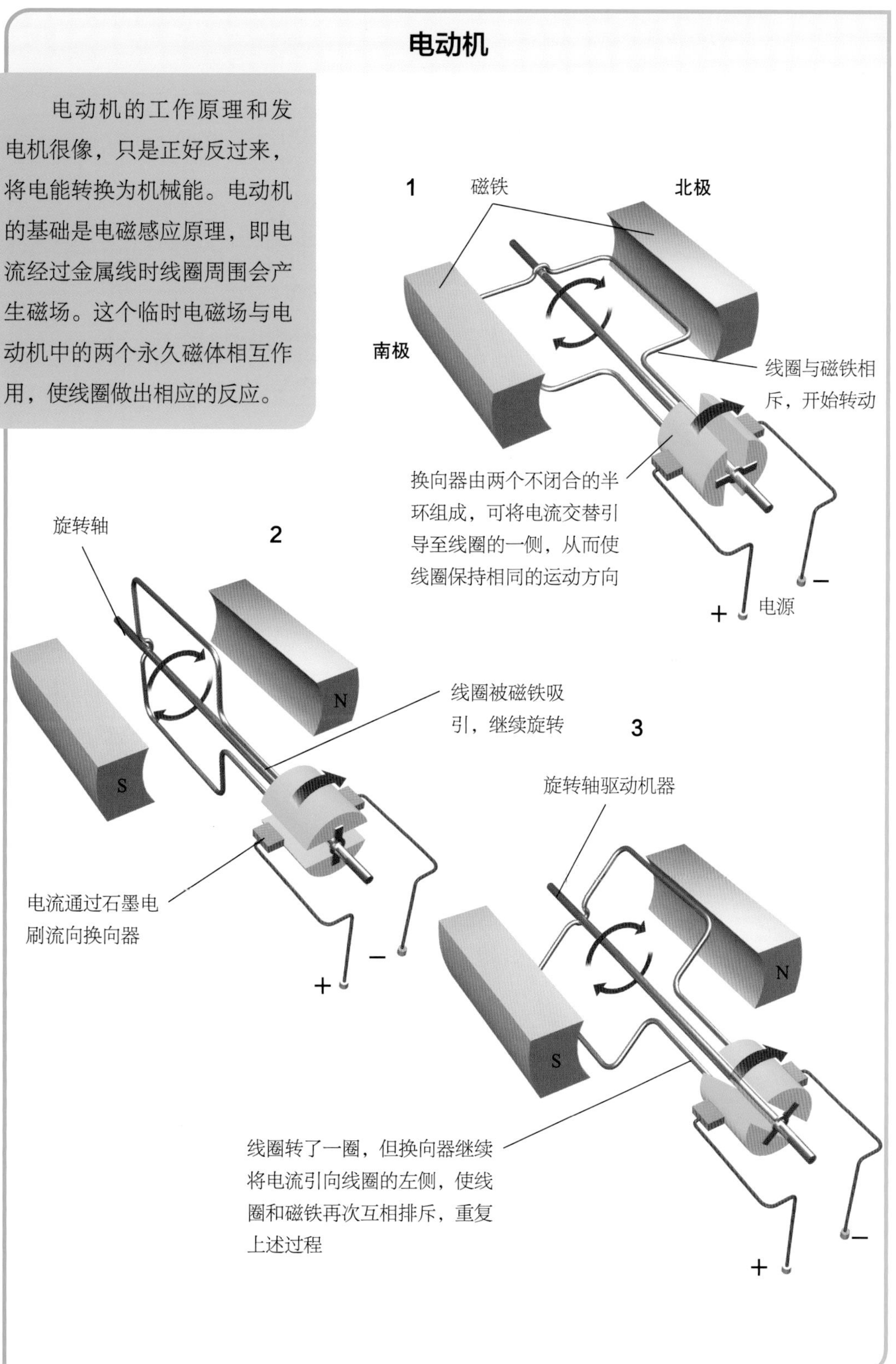

发电厂里坐落着巨大的冷却塔，其中热水会变成水蒸气，直至冷却到可以被再次利用为止。

相关信息

- 19世纪90年代，托马斯·爱迪生在纽约珍珠街的发电厂有6台发电机，可生产671130瓦电，这在当时已经是很大的电量了。发电厂开业时，共为59位客户的1300盏电灯供电。
- 目前世界上最大的水电站是中国的三峡水电站。它安装有32台单机容量为70万千瓦的水电机组，供电范围非常广，可为数亿人提供电力。

用的电动机，他所采用的方法是让线圈在大型永久磁体产生的磁场中旋转。斯特金发明了换向器，这种装置每隔半转改变一次电流方向，从而保持电动机按同一方向旋转。自此之后，大多数电动机都采用这项发明。

1837年，曾是一名铁匠的托马斯·达文波特（Thomas Davenport，1802—1851）发明了一台类似的电磁发动机，并在美国取得了专利。后来，美国发明家W. H. 泰勒（W. H. Taylor）研制出一种新型机器。泰勒发明的机器看起来就像下面有一个支架的小型木制水车。这个机器有7个线圈固定在轮子上，4个电磁体固定在车架上。接通电流时，车轮会旋转。

1873年，比利时工程师齐纳布·T. 格拉姆（Zénobe T. Gramme，1826—1901）制

造了第一台商用电动机。他给自己的工厂配备了这种电动机。就像电会产生电磁效应并使电动机旋转一样，磁也可以用来发电。这种实用发电机是基于迈克尔·法拉第自19世纪30年代开始的早期研究而研制出的，最初被称为“磁电机”。格拉姆从1870年起实现了磁电机的规模化生产，他是制造稳定可靠电流的第一人。

19世纪40年代的弧光灯和1879年的白炽灯的发明，引起人们对大规模发电的巨大兴趣。

1879年，电灯泡开始用于路灯照明。同时，电动机、电热丝，以及用于电话等远程通信的电线开始大规模生产，这说明电力时代即将到来。当人们实现大规模稳定发

架空电缆由铝制成，电阻小，重量非常轻。

电网

电具有作为可运输能源的巨大优势。发电厂（1）发电。升压变压器（2）升高电压，使电流进入电网（3）。变电站（4）降低电压，降压变压器（5）进一步降低电压。

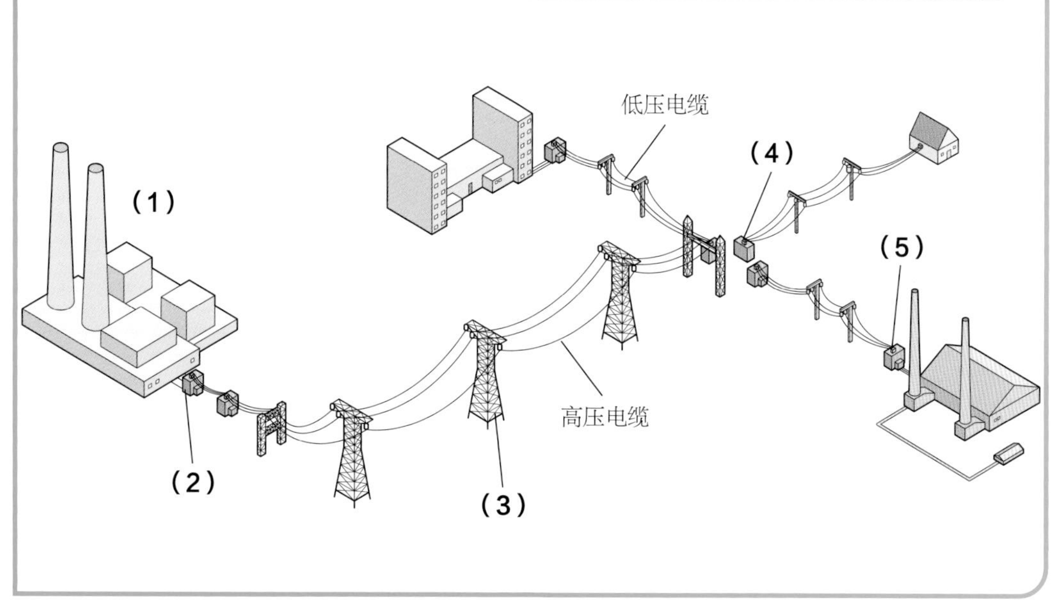

电，并能够将其传输到任何需要的地方时，电就变得更加重要。第一个发电站分别位于英国伦敦的霍尔本高架桥和美国纽约的珍珠街，他们都是由托马斯·爱迪生于1882年建造的。

走进现代世界

20世纪电的应用方式发生了重大改变，其中最重要的就是电气部件的小型化，人们可以制造出体积小巧的电动机器。电子是一种带电粒子。1897年科学家发现电子以后，各种新的装置不断涌现，如真空管和阴极射线管。这些装置为20世纪20年代人们发明电视奠定了基础。大约在1960年晶体管被发明以后，它彻底改变了人们控制电的能力。随后，人们又发明了半导体，这种小型组件（如今主要由硅制成）实现了对复杂电子电路的精准控制。

这些电路可以自我运行（如在现代计算机中），也可以用于控制大型机器（如汽车或喷气式飞机）。现代世界完全依赖于电子设备，其中许多电子设备的效率远远高于人工操作的效率。

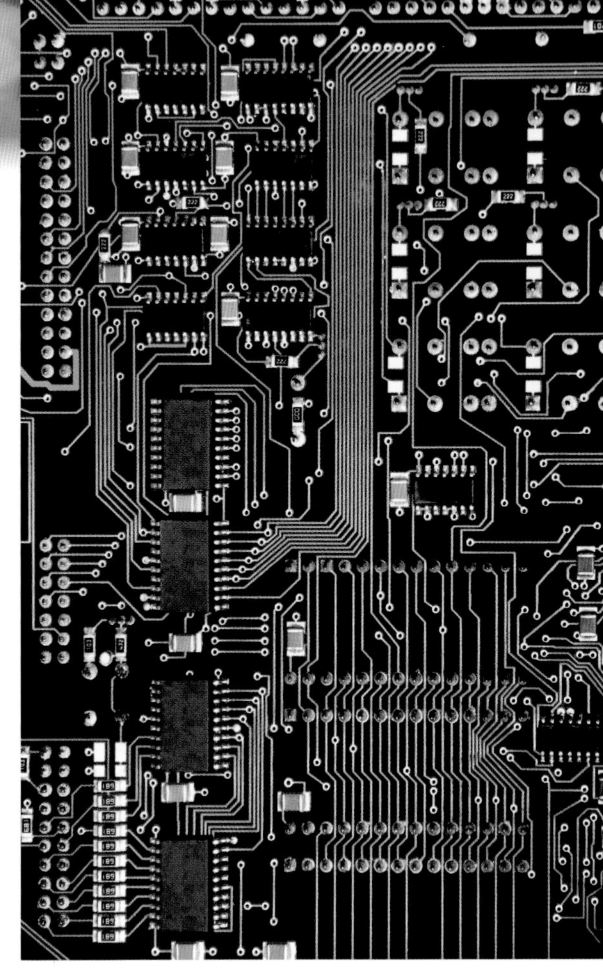

电路板用于连接电子组件，它们之间的组合方式有数百万种。电流沿着电路板上的金属连线流过各电子组件。

现在已经很少有人记得没有电时的生活了。即使是现在的老年人，在他们小时候身边也有各种电器。

电子设备

元件	功能	示例
电容器 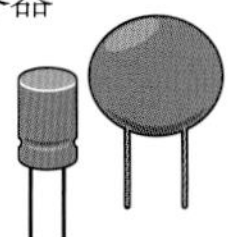	一种用于存储电荷的装置。电容器由两个导体（金属片）组成，它们由“电介质”这种绝缘材料隔开。	收音机调谐指示度盘。转动转盘会更改存储的电荷，从而改变收音机接收的电台信号。
二极管 	一种具有单向导电性能的装置，电流只能沿一个方向流动。二极管可以将交流电转换为直流电。	发光二极管（LED）在电流经过时会发光，很多电子设备中都会用到发光二极管。
电阻器 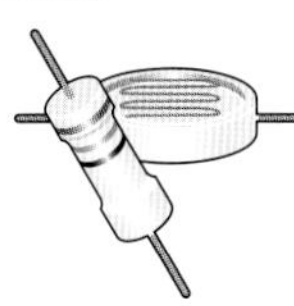	电阻器用来控制通过电路的电流。电阻的单位为欧姆。	音量控制器通常可以看作可变电阻器，我们称之为“电位器”。转动拨盘可调节电阻值，改变音量。
真空管 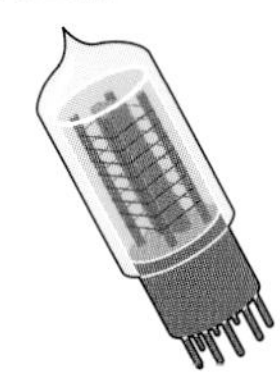	一种低压气体管，用于调节流经电路的电流。真空管有3个电极，其中一个为栅格。改变栅格电压可以增加或减少流经真空管的电流。	真空管最早用于早期的收音机中，目的是放大信号。但是，它们会消耗大量功率，并且十分不稳定。
晶体管 	晶体管相当于现代的真空管。与真空管一样，它也有3个电极，可以用作电流放大器或微型电子开关。但是，与真空管不同的是，晶体管非常稳定，几乎不消耗任何功率。	晶体管可以组合成简单的开关，称为“逻辑门”。它能够使计算机存储信息，按照程序运行。
集成电路 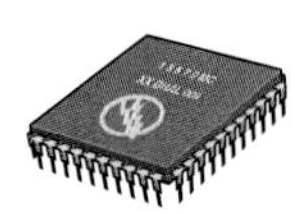	集成电路是制作在硅芯片上的一系列微型电子组件的集合。硅芯片是当今几乎所有电子设备的核心所在。	最复杂的集成电路是微处理器，它可能包含数百万个晶体管，构成了计算机的核心组件。

未来能源

人类通过发明机器并利用燃料带来的动力，极大地改变了世界。但是，人类也因此付出了代价——污染和气候变化。未来，我们需要寻找更多的替代能源。

人类已经将地球上的大量化石燃料（煤、石油和天然气）转化为热量和材料，并为全球范围内的交通工具提供动力。毫无疑问，我们在如何利用动力和能源推动世界经济发展方面取得了巨大的成功。但是，这也导致了另外一个结果——雾霾笼罩的城市、被污染的海洋、燃烧的雨林和全球气候变暖，这一切都表明我们这个能源匮乏的世界可能正面临失控。如今，科学家面临的一项挑战就是开发新能源，在不破坏环境的情况下使经济持续发展。50多年前，很多人

蒸汽从核电站升起，核能发电并不燃烧化石燃料。

相关信息

- 化石燃料经历了数亿年才在地壳内部形成。1960年至2020年这60年间，人类用掉了大约80%的能源。石油储备可能只能再维持50年。
- 美国的人均能源消耗量超过了世界上任何一个大国的人均能源消耗量。美国只有4%的世界人口，却消耗了17%的能源。美国的人均能源消耗量是巴西人均能源消耗量的5倍，是孟加拉国人均能源消耗量的30倍。

认为核能，也就是原子能，是一种十分经济的能源，可以产生大量电力，同时可将污染降至最低。如今，我们不能确定核能在未来会扮演什么角色。

核能

直到20世纪40年代，人们才首次成功掌控核能。1940年，美国政府赞助了曼哈顿计划，为第二次世界大战开发核武器。1942年12月，从意大利逃到美国的全球顶尖核物理学家恩利克·费米（Enrico Fermi，1901—1954），建立了第一个核反应堆。它为后来第二次世界大战即将结束时投向日本广岛和长崎的原子弹的研制奠定了基础。1956年10月，全球首个商业化核电站“卡德霍尔”（Calder Hall）投入使用。现在这个核电站叫作“塞拉菲尔德”，仍是世界上主要的核电站之一。

风能和水能的回归

化石燃料的燃烧会造成环境污染和全球变暖，并且消耗的速度十分惊人。很多人

放射性的发现

核能的历史可以追溯到1896年，当时法国物理学家安东尼-亨利·贝克勒尔（Antoine-Henri Becquerel，1852—1908）与玛丽·居里（Marie Curie，1867—1934）、皮埃尔·居里（Pierre Curie，1859—1906）夫妇首次探索了放射性。他们发现某些原子会自发地释放能量。他们因为这项研究共同获得了1903年的诺贝尔物理学奖。

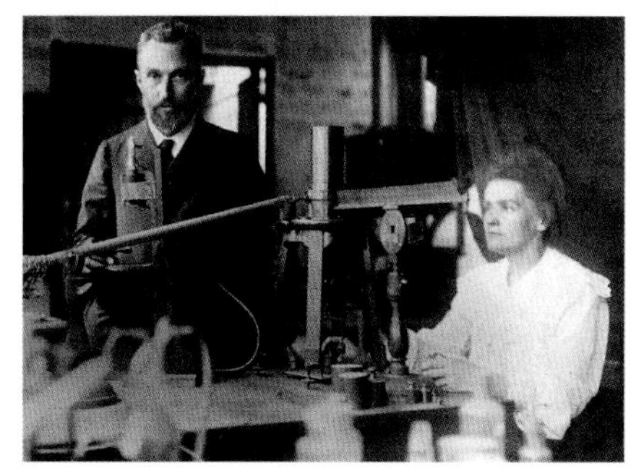
居里夫人发现了两种放射性元素：镭和钋。钋是以她的故乡波兰命名的。

社会和发明

看不见的发电站

美国物理学家埃默里·B. 洛文斯（Amory B. Lovins，1947—）颇具影响力。他认为，发电时首先要考虑的是节约能源。他指出，在不影响当前生活水平的前提下，我们可以节省大约50%的能源。他用“负瓦特”（negawatt）一词来描述使用节能系统有效产生的功率。20世纪80年代，美国南加州爱迪生电气公司发放了数十万个低能耗灯，节省了大量电力。

这座未来房屋用无害于环境的无污染材料建造，以节省能源。

认为，核能作为化石燃料的主要替代品既不安全，也不划算。人们一直在寻找没有污染的可再生能源。20世纪80年代，风电场蓬勃发展。风电场一般建在风大的地区，安装有数十台涡轮机。新型涡轮机的设计也激发了人们对水力发电的兴趣。

19世纪中叶，美国水力工程师詹姆斯·B. 弗朗西斯（James B. Francis，1815—1892）发明了一种涡轮机。这种涡轮机的叶片呈弯曲状，弯曲角度正好可以使之从流经的水中获取最大的动力。19世纪70年代，佩尔顿式水轮机问世，它安装了一圈小杯子，可以接住水，从而使水轮转动。

核裂变发生在核反应堆内。核反应堆位于一个异常坚固的混凝土穹顶建筑内，它可以防止辐射，经受得住爆炸。

辐射的危险

目前，全球拥有将近450座核电站，但是这种技术并非万无一失。核电站安全运行成本高昂，处置核废料极为困难，涉及很多环境问题。过去的几起核事故已经引起了公众的警觉。

1979年，美国宾夕法尼亚州的三里岛核电站发生事故后，约有20万人撤离。1986年，乌克兰切尔诺贝利核电站发生爆炸，欧洲大部分地区被放射性尘埃所覆盖，10万多人接触到了危险的核辐射。2011年，日本福岛核电站因为地震和海啸发生泄漏，共造成约1.85万人死亡。

原子的分裂

我们用两种核反应产生能量。一种是核裂变，用于核电站。某些元素有不同的存在形式，如铀有稳定的铀 235 和不稳定的铀 236。铀 235 的原子被中子（1）撞击时，会变成不稳定的铀 236。它分裂成两个较小的原子，同时释放出更多的中子及大量的能量（2）。新释放出的中子将更多的铀 235 转化为铀 236（3），这一过程会不断进行下去，被称作“链式反应”（4）。

核裂变

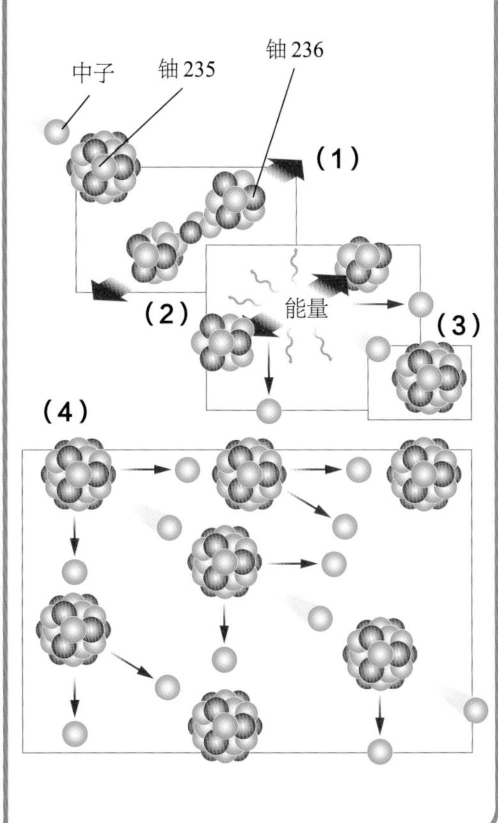

恒星的能量

另一种是核聚变，它是将较轻的原子聚合在一起产生较重的原子，从而产生能量的过程。氢有两种同位素：氘和氚。它们悬浮在磁场中（1），并高速撞击在一起（2）。它们的原子核融合（3）产生中子、氦原子和能量（4）。核聚变会比核裂变产生更多的能量，氢弹利用的就是核聚变原理。但是，我们可能还需要数十年的时间才能控制核聚变，并将其用于发电。

核聚变

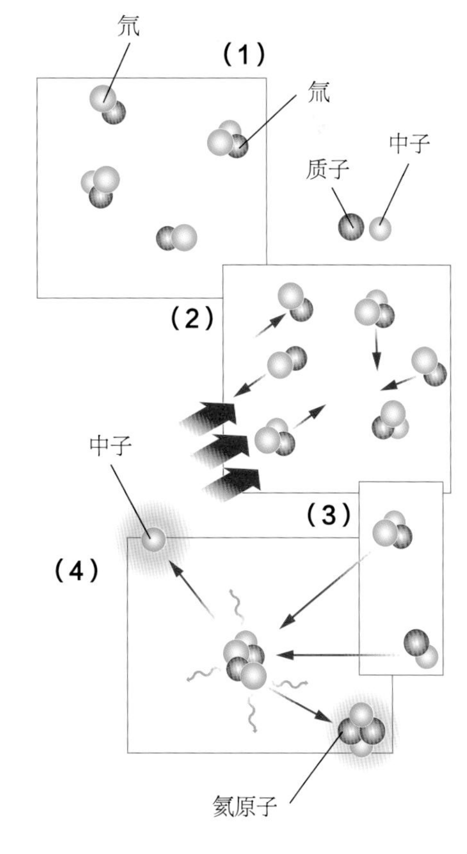

山顶和海上的风电场安装有大量风力机，这些地方风力较强。

改造风车

风车已经有1400年的历史了，但是在20世纪之前少有创新。人们发明了高效的风力机，它利用风能使发电机转动，从而发电。1931年，法国工程师G. 达里厄（G. Darrieus，1888—1979）设计了一种绕垂直轴旋转的高效涡轮机。作为现代涡轮机的原型，它装有一组像飞机螺旋桨一样的叶片，并在20世纪40年代进行了测试。不过，这台涡轮机因为叶片破裂后飞了出去而被遗弃。1976年，第一台成功的螺旋桨涡轮机被安装在美国俄亥俄州的桑达斯基附近。现在，在所有可再生能源中，风能位列第一。2019年，美国有7%的能源来自风能。

水能

水力发电站实际上就是大规模运行的水车。它们由很多涡轮机组成，这些涡轮机安装在快速流动的河中，如筑坝的河道或潮汐河口。1878年，法国建成了世界上第一座水力发电站。1936年，巨大的胡佛水坝竣工，它位于美国亚利桑那州与内华达州的边界上，装有17台弗朗西斯式水轮机。

尽管风能和水能具有明显的吸引力，但也存在一定的问题，例如水电站大坝会对环境造成破坏。至于风能，很多地方风力不大，不足以产生足够的电力。在拥有50个州的美国，其中12个州的风力发电量约占全国的90%。

水力发电站

水能是最有用的一种可再生能源之一。有几种水轮机比较高效，如佩尔顿式水轮机、弗朗西斯式水轮机和卡普兰式水轮机（右图）。大坝后方储水的高度被称为“水头”。水头和水流量决定了大坝选择哪种水轮机。卡普兰式水轮机适用于低水头和高流量。导流叶片和闸门可调节到达水轮机的水量。水轮机完全淹没在竖井中。水流转动叶轮，产生的运动通过轴传递给发电机，发电机将其转换为电能。

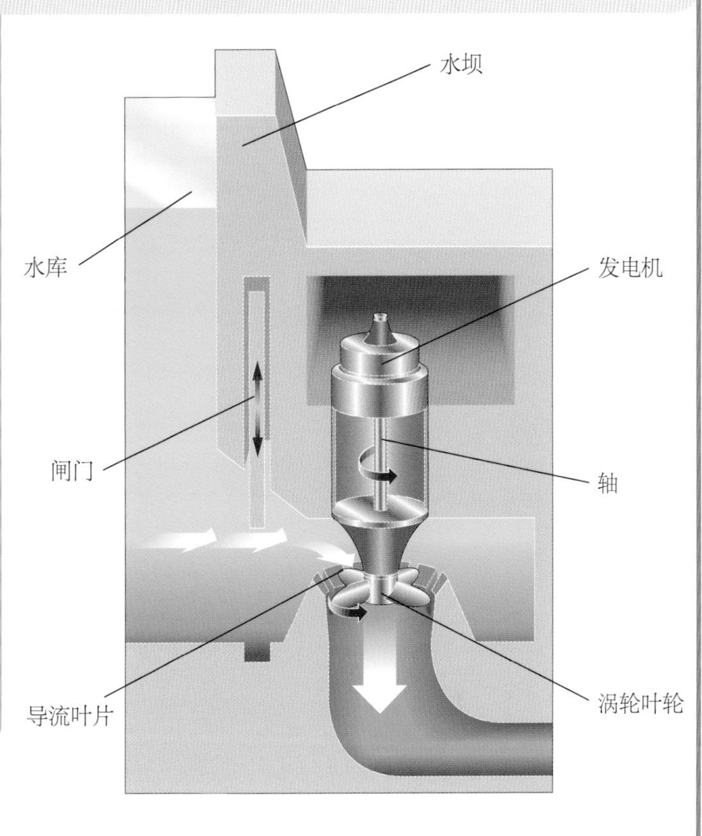

太阳能

世界上的大多数能源，包括风能、水能和所有化石燃料，都间接来自太阳。

有一种发电的方法是直接利用太阳能来加热水或为建筑供暖，抑或用一排排的镜子或太阳能电池将太阳能转化为电能。美国加利福尼亚州巴斯托有一座太阳能发电厂，它的发电塔高达90米，周围安装有约1900块可移动的“镜子”，用来收集太阳光。

未来能源

在过去的十年中，可再生能源变得越来越重要。2000年，可再生能源仅占世界

用于发电的水通过大坝导流，然后为水轮机提供动力。当水位太高时，多余的水会从顶部放掉。

太阳能电池

1887 年，德国物理学家海因里希·鲁道夫·赫兹（Heinrich Rudolf Hertz，1857—1894）发现光可用于发电，这种现象被称为“光电效应”。1889 年第一个太阳能电池的发明便源于此。但是，直到美国工程师罗素·奥尔（Russell Ohl，1898—1987）于 1941 年研发出硅太阳能电池后，用太阳能发电才变为现实。

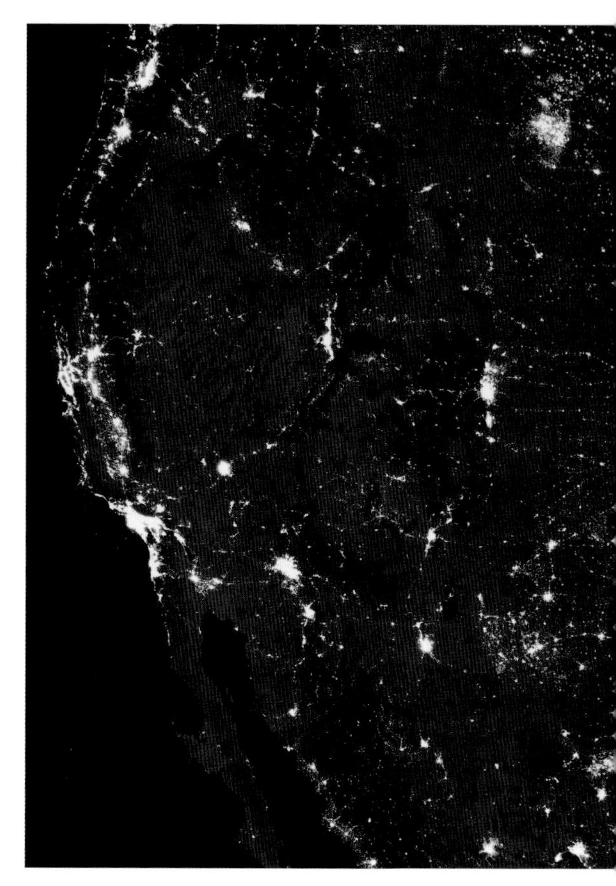

太阳能发电厂用镜子将太阳的光和热引到水管上。水沸腾后产生蒸汽，从而驱动发电机。

夜晚从太空看地球时，才能一睹电的真正影响。上图中，电灯照亮了北美的广大地区。

能源的一小部分，但预计到2050年，它将占世界能源的50%。随着世界人口的迅速增长，工程师和科学家的贡献对地球的未来显得愈发重要。

新燃料

全球石油储备不断下降，一种解决方式是使用其他液体燃料为车辆提供动力。有两种替代燃料现在颇受欢迎，它们是酒精汽油和生物柴油。酒精汽油是一种混合物，大约含90%的汽油和10%的酒精，其中酒精可以节省汽油的使用量。酒精通常由农业废弃物或农作物（如甜菜或甘蔗）制成，因此经济实惠，而且可以再生。但是，人们担心制造过程中造成的污染及消耗的能源会抵消酒精汽油的优势。

与酒精汽油不同，生物柴油不含酒精，它是通过加工废植物油和动物脂肪制成的。这一过程会产生甲酯，这种化学物质可用于改良的柴油发动机。生物柴油是一种非常环保的燃料，无毒，可以在环境中自然分解，燃烧时几乎不产生任何有害污染物。

现在，巴西等国家或地区种植的大部分甘蔗都用于制造燃料，而非食用。

时间线

公元前180万年 迄今为止人们发现的最早的工具制造于坦桑尼亚的奥杜威峡谷。

公元前60万年–公元前50万年 人类知道如何生火。

公元前5000年 美索不达米亚人通过帆利用风能。

公元前3500年 人们给雪橇加上了轮子，制造出了第一辆板车。

公元前2900年 古埃及的尼罗河上建起了最早的水坝。

公元600年 波斯建造了大型风车。

1712年 托马斯·纽科门发明了一种蒸汽机，用于抽出矿井中的水。

1782年 詹姆斯·瓦特发明了拥有两个汽缸的双作用式蒸汽发动机。

1787–1789年 奥利弗·埃文斯建造了第一台全自动磨粉机。

1800年 亚历山德罗·伏特发明了伏特电池，这是世界上第一个电池。

1801年 约瑟夫-玛丽·雅卡尔（Joseph-Marie Jacquard）设计了一种自动织布机。理查德·特里维希克制造了一辆蒸汽汽车。

19世纪20年代 约瑟夫·亨利和威廉·斯特金首次制造出实用电磁体。

1821年 查尔斯·巴贝奇制造了差分机，这是现代计算机的始祖。

1859年 美国第一口油井在宾夕法尼亚州的泰特斯维尔镇钻成，石油工业拉开序幕。

1866–1867年 尼古劳斯·奥古斯特·奥托制造出了第一台应用四冲程循环原理的内燃机。

19世纪70年代 流水线生产首次出现在美国芝加哥的肉类包装厂。

1873年 齐纳布·T. 格拉姆制造了第一台商用电动机。

1878年 灯泡问世，极大地改变了人们的生活。

1879年 发明家维尔纳·冯·西门子（Werner von Siemens）和约翰·格奥尔格·哈尔斯克（Johann Georg Halske）推出了他们的电力机车。

1882年 英国伦敦的霍尔本高架桥和美国纽约的珍珠街建有火力发电厂。

1887年 海因里希·鲁道夫·赫兹发现光可用来发电，这种现象被称为“光电效应”。

1892年 鲁道夫·狄赛尔取得了柴油发动机的发明专利。

1942年 恩利克·费米在美国芝加哥建造了第一个核反应堆。

1945年 美国向日本广岛和长崎投放了原子弹。

1948年 贝尔实验室的科学家发明了一种微型电子开关，被称为“晶体管”。

1952年 第一枚利用核聚变原理研制的氢弹进行了测试。

1954年 苏联建造了世界上第一座核电站。

1959年 德州仪器公司的科学家开发了集成电路。

1962年 第一台工业机器人被出售给通用汽车公司。

1986年 乌克兰切尔诺贝利的核反应堆爆炸，造成了世界上最严重的核事故。

20世纪90年代 含铅汽油逐步被淘汰，以减少污染。

1997年 商用混合动力汽车“丰田普锐斯”面世。

2011年 日本福岛核电站在地震后发生核泄漏。

2018年 世界上最大的海上风电场之一在英国建成，它拥有87台涡轮机。

延伸阅读

Books

Simple Machine Projects: Making Machines by Chris Oxlade. North Mankato, MN: Capstone, 2015.

Electricity and Magnetism by Kyle Kirkland. New York, NY: Facts On File, 2007.

Renewable Energy: Discover the Fuel of the Future by Joshua Sneideman and Erin Twamley. White River Junction, VT: Nomad Press, 2016.

The Pros and Cons of Nuclear Power by Ewan McLeish. New York, NY: Rosen Publishing Group, 2008.

Waves; Principles of Light, Electricity and Magnetism by Paul Fleisher and Patricia Keeler. New South Wales, Australia: Living Book Press, 2019.